THE JOY OF MOVEMENT

自控力

2

斯坦福大学掌控自我的心理学课程

[美] 凯利·麦格尼格尔 _ 著
Kelly McGonigal
江兰 / 张旭 / 刘婉婷 _ 译

北京联合出版公司
Beijing United Publishing Co.,Ltd.

目　录

序　言　1

01 运动的快乐：
如何在坚持中获取价值　001

在持续性的运动下，人们会产生沉醉般的欣快感。这种感觉就像是“你喜欢某个人，结果对方也喜欢你一样”。运动能帮助人们改善心情，让生活变得轻松。

这是大脑对我们努力的奖励，为什么会有这种奖励存在？理解这背后蕴藏的科学原理，能帮助我们感受到运动的快乐，增强自己与社会的联结感，并从中获得勇往直前的自己。

02 大脑奖赏机制：
运动是摆脱抑郁的良药　031

人类不仅会因为运动本身的感受得到奖励，也会从运动的意义中得到奖励。

运动可以重新唤醒奖赏机制的部分功能。如此一来，相比成瘾药物，运动其实更像抗抑郁药物。这也是我能想到与运动对奖赏机制的作用最相似的类比，并非成瘾，而是持续的深部脑刺激术——一种最有希望治愈抑郁的方法。

序　言

回首我的人生，很少有什么瞬间可以让我确定地说“就是这一刻改变了我的一生”。其中一个时刻发生在我 22 岁。当时我作为心理学研究生，参与了一项名为“害羞心理学”的研讨课。小时候我一直是个害羞的孩子，长大后也经常被紧张所困扰。按照这项课程的计划，我们要在某件对我们来说很重要，但出于恐惧或自我怀疑又一直拖延的事情上采取行动。我选择的事是追求我一生的梦想，成为一名团体健身教练。我是在客厅里跟着健身视频做运动长大的，在同龄人都幻想着成为下一个萨莉·赖德（Sally Ride）或者斯蒂芬·斯皮尔伯格（Steven Spielberg）的时候，我在幻想自己带领满满一屋子的人做踏步和开合跳。高中期间我学习了西班牙语和法语，因为我听说要想在地中海度假村的俱乐部教有氧运动至少要会三种语言。

那一刻我站在学校健身房门外，等着几分钟后将要进行的有氧健身课教练的面试。虽然我已经练习了无数个小时，闭着眼睛都能做完整套动作，但是那种熟悉的恐慌感还是在我体内汹涌。我的胃里翻江倒海，我的指甲深深地嵌入掌心。这件事对我来说太重要了，我心跳得厉害，心脏像是要冲出胸腔。我不禁想逃脱这越来越沉重的恐慌感，就这样直接离开，赶快回家，假装什么都没有发生。

当时我站在健身房外，纠结要不要逃跑，最终还是决定留下。那一刻到现在依然历历在目。也许你也有过类似的经历：在某个转折点上，你决定把一个你渴望许久但也恐惧许久的事付诸实践。回顾往事，我觉得让我决定留下的其中一个原因，是我从最喜欢的健身运动中学到的勇气。从瑜伽中，我学到了如何深呼吸、拉伸，直到突破舒适区。在舞蹈课上，不管在课程刚开始时我有多担心、多灰心，音乐和舞蹈动作总能让我重拾信心。从我认为最困难的有氧训练中，我学到了心跳剧烈不一定总代表着恐惧，有时候，那代表着你的心脏越来越强大。

留下并完成面试的决定改变了我的生活，因为它让我走上了团体健身教练的道路。自那之后的近 20 年，健身教学一直都能带给我许多快乐，给我的人生赋予诸多意义。这些年来，我一次次看到运动怎样改变了一个人的心情，怎样让人们心怀希望，重新振作起来拥抱世界。我见证了健身怎样使健身者感受到自己的力量，让他们摆脱束缚。在对不同年龄段、各式各样健身者的教学中，我了解到运动如何发挥各种不同的功用。它是一种自我照顾的练习，它给你一个迎接挑战的机会，以及一个结识朋友的场所。很多上过我的课的人，最后都形成了一个小社群，他们不仅一起运动，还相互支持、庆祝每个人的进步。在这些课程中，我学到了什么是集体的快乐，这种快乐不仅在于大家步调一致，还在于团体欢迎长期缺席的参与者的回归。带领团体健身课给我带来了巨大的成就感，所以我在这条路上的步伐从未停下。让我继续下去的不仅是分享运动给我带来的满足感，还有运动对我自身的帮助。在我的人生中，健身曾经多次将我从疏离、绝望中拯救出来，它给了我勇气和希望，提醒我如何体会快乐，让我有了一片归属之地。

我这样的故事绝非少数。在世界各地都能看到，参与运动的人幸福感更高，对生活也更为满意。不管是走路、跑步、游泳、跳舞、单车、举重还是瑜伽，都能看到这种效果。定期运动的人在生活中有更强的目标感，感受到的感激、爱与希望也更多。他们与所属群体的联结更为紧密，较少受到孤独的折磨，抑郁的可能性也更小。这种积极的效果渗透在他们生活的方方面面，并且，在每个社会阶层的人身上都能看到，表现出文化普适性。重要的是，运动带来的心理和社会效益，并不取决于任何特定的体能和健康状况，它们在患有慢性病、身体残疾、严重的心理或生理疾病的群体，甚至在接受临终关怀的病人身上也十分明显。与上文我描述的那种快乐——从希望到人生意义，再到归属感——联系最直接、最重要的不是健康，而是运动本身。

本书的核心在于探讨运动对人类的幸福感有何助益。为了回答这个问题，我从梳理科学文献入手，跳过那些不计其数的、证明健身的人更快乐的调查，将重点放在能解释这个现象的研究和理论上。我研读了诸多领域的学术论文，从神经科学、古生物学到音乐理论；我与人类学家、心理学家和生理学家交谈；我采访运动员和运动专家；我走访了许多人结伴运动的地方：健身房、舞蹈工作室、公园，甚至去参观了一艘航空母舰。为了更好地理解运动在不同文化和不同历史阶段扮演的角色，我阅读了大量的回忆录，研究了各种民族志。我把研究范围延展到哲学和宗教学著作。我下载了许多播客音频，在社交媒体上加了很多群组。我邀请朋友、亲人甚至陌生人分享他们的运动经历。几乎每次交谈后，我都会重听某些部分的谈话录音，不只是为了检查我的笔记，还因为我有重听他们故事的欲望。我交谈过的许多人在讲述运动对他们的意义时，都动情到流泪。在我第三次敲出“跟我讲述这些时，她的眼泪夺眶而出”这样的句子时，我终于意识到：这就是快乐的泪水，而运动的快乐就在于动。

我最先注意到的是，有关运动使我们快乐的最常见的解释过于简单。运动的心理影响不能简单归结为内啡肽的激增。运动对大脑的许多化学物质都有影响，包括那些能提供活力、减轻忧虑、帮助你与其他人产生感情联结的物质。它能降低脑内炎症的可能性，久而久之还能预防抑郁、焦虑和孤独感。定期运动还能重塑大脑的生理结构，增强对快乐和社会关系的感受力。这些神经系统的变化甚至可以媲美当前最前沿的抑郁症和药物成瘾的疗法。运动对大脑的影响甚至根植于肌肉系统。肌肉在运动中分泌的激素会进入血液系统，提高大脑的抗压能力，科学家称之为“希望分子”。

看看这些证据，不难得出这样的结论：我们的整个生理机能都在奖励我们的运动。那为什么人类的生理系统要设计得如此精妙，以鼓励我们运动起来呢？第一个合理的猜测是因为运动有益于身体健康。也许这是大脑对身体的保护，确保我们保持足够的运动以防止心脏病。但从运动对人类生存价值的角度看，这个猜测过于简略。医生也许会鼓励你运动，以更好地控制血糖、降低血压，或者减少患癌的风险。但是在人的一生中，运动的核心功能并非预防疾病。体力活动是我们参与生活的方式。正如神经科学家丹尼尔·沃博特（Daniel Wolpert）所写：“人类大脑的全部意义，就在于产生运动。运动是我们与世界互动的唯一方式。”这就是为什么我们的生理系统中包括诸多奖励运动的机制。从根本上来说，奖励运动就是大脑和身体鼓励你参与生活的方式。只要你愿意动，你的肌肉就会给你希望，大脑就会创造快乐。而你的整个生理反应都会做出调整，帮助你找到能量、目标和继续向前的勇气。

关于运动为什么能获得回报，还有一个更复杂的理论——源自人类的幸福感。人类天生会从那些能帮助我们存活下来的各种活动、体验和精神状态中获取快乐。这不仅仅指那些非常实用的活动和体验，比如吃饭、睡觉，还包括人类特有的心理特征。我们享受合作，并从团队合作中获得满足感。我们从进步中得到快乐，因自己的贡献而感到骄傲。我们会与人、地点和群体产生依恋，而在关心这一切时我们会感到温暖的喜悦。甚至寻找生命意义的能力，也根植于获得快乐的神经生物学：大脑的奖励系统喜欢故事和隐喻，它鼓励我们精心构建能帮助我们理解生命的叙事。人类不需要每一代都重新创造这些获得快乐的习惯，这些本能埋藏在我们的基因中，活跃在我们每个人的体内，就像呼吸、消化食物、为肌肉供血的能力一样，是我们生存的基础。

运动，不管是健身、探险、竞赛，甚至是之后的庆祝，都会让我们获得更多快乐，因为它们会激发这些本能。运动与人类一些最基本的快乐紧紧相连，比如自我展示、社交、驾驭力量。处于活动状态能让我们获得内在的快乐，从与音乐节奏同步的满足感，到在强调速度、优雅或者力量的运动中产生的兴奋感都是如此。运动还能满足人体的核心需求，比如与自然联结的欲望，或者感到某种使命感。最能吸引我们的体育休闲活动，似乎特意为韧性、耐性、学习与成长而设计，同时还能唤醒我们合作的本能。运动在心理上最令人满足的时刻，就是我们的参与既展现自己的长处，又见证了别人的优点。这就是每一种文化都把运动作为其最快乐和最具意义的核心传统的原因之一。正如哲学家道格·安德森（Doug Anderson）所观察到的那样："运动有一种力量，能让我们充分了解我们的人性。"

在我调查运动与幸福感之间的各种关系时，这本书，自然而然地就成了对人性的一种探索。这是理解运动快乐的唯一方式。也许更重要的是，我认识到了人类的幸福在社群中得以茁壮成长。人类进化为社会生物，因而我们需要他人才能生存。纵观人类史，运动，不管是劳动、仪式还是游戏，都在帮助我们产生联结、合作和庆祝。今天，体育活动仍然在发挥着将我们凝聚在一起、提醒我们多么需要彼此的重要作用。这给我们带来了一个启示，那就是：体育活动对个人心理的益处，在很大程度上依赖于我们的社会属性。而运动带来的快乐实际上是与人联结的快乐。

一开始写这本书时，我想它将是一本自助指南，解释如何在健身中寻找幸福。而完稿时，这本书有了更宏大的主题：它成了我对各种形式的运动和人性的表白。说来奇怪，创作这本书的过程给了我类似运动的欣快感，还给了我希望和友谊。很多次，当我和采访对象谈完运动的话题，我都会大声赞叹“我爱人类，人类真的是太不可思议了”。我觉得我的心脏有一种渴望，完全不亚于对任何有氧运动的需求。也许这也正是你需要的。如果的确是这样，我希望在阅读本书的过程中，你也能体会到一点儿写作带给我的快乐。我希望这本书能鼓励你重新思考运动的意义。我希望它能启发你做一些能为你带来快乐和意义的运动。我也希望你读完这本书后心满意足地发现，我们人类是多么了不起，多么不可思议。

THE
JOY OF
MOVEMENT

01

运动的快乐：

如何在坚持中获取价值

在持续性的运动下，人们会产生沉醉般的欣快感。这种感觉就像是“你喜欢某个人，结果对方也喜欢你一样”。运动能帮助人们改善心情，让生活变得轻松。

这是大脑对我们努力的奖励，为什么会有这种奖励存在？理解这背后蕴藏的科学原理，能帮助我们感受到运动的快乐，增强自己与社会的联结感，并从中获得勇往直前的自己。

跑步者的欣快感一直都被用作激励无意健身的人的诱饵，人们对它的描述美好得令人难以置信。1855 年，苏格兰哲学家亚历山大·贝恩（Alexander Bain）将快走或者跑步带来的欣快感描述为一种“机体中毒”，这种中毒可以产生快乐，类似古人对罗马酒神巴克斯（Bacchus）的崇拜而引发的狂喜。文化历史学家韦波尔·克里根－里德（Vybarr Cregan-Reid）在自己回忆录的注脚中，也用醉酒比拟过自己跑步时的欣快感：“它和私酿威士忌一样醉人。这种欣快感让你想叫住跑步途中遇到的每一个人，跟他们说他们有多么漂亮帅气，这个世界有多么美好，生活在其中难道不是一种幸福吗？”越野跑和铁人三项运动员斯科特·邓拉普（Scott Dunlap）是这样描述自己跑步的欣快感的：“我觉得这种欣快感相当于两瓶加了伏特加的红牛、三片布洛芬和一张中了 50 美元的彩票。”

虽然许多跑步者都喜欢用沉醉来形容跑步的欣快感，但也有人将其比拟为宗教体验。在《跑步者的欣快感》（*The Runner's High*）

一书中，丹·斯特恩（Dan Sturn）说他晨跑到7英里[①]时泪流满面。“我感觉自己飞了起来，离神秘主义者、宗教人士和嗜酒者描述的那种情况越来越近。每一刻都那么美妙。我觉得世间仅有我一人，又觉得与万物融为一体。”也有人既没谈到酒精，也没有提到宗教，他们用的是爱。红迪网（Reddit）上有一个讨论跑步快感的帖子，有一位用户描述说：“我爱我在做的事，爱我看到的每个人。”还有人描述说：“就像你很喜欢某个人，结果对方说也喜欢你一样。”极限赛跑运动员斯特芬尼·凯斯（Stephanie Case）是这样描述她跑步时的快感的：“我感觉到了和周围的人、我所爱的人的一种情感联结，我感觉未来一片光明。”

尽管跑步者都喜欢对跑步的欣快感大加赞颂，但这种感受并非跑步独有。只要是持续性运动，都会产生类似的欣快感，不管是徒步、游泳、骑自行车、跳舞，还是瑜伽。但是，只有付出极大的努力，这种欣快感才会出现。这看起来似乎是大脑对我们努力的奖励。为什么会有这种奖励存在？更重要的是，为什么这会让人产生爱的感觉？

关于跑步欣快感的最新研究提出了一个大胆的猜测：我们体验运动激发的欣快感的能力，与我们最远古的祖先以狩猎、拾荒及觅食为生的生活有关。正如生物学家丹尼斯·布兰布尔（Dennis

---

① 1英里约为1.6千米。

Bramble）和古人类学家丹尼尔·利伯曼（Daniel Lieberman）在其著作中所写："今天，耐力跑是健身和休闲娱乐的主要形式之一，其根源也许可以追溯到人类基因起源的时刻。"通过跑步让人感到快乐的脑神经状态，最初可能只是用来激励早期人类进行狩猎、采集活动。我们所称的跑步者的欣快感，甚至可能会鼓励我们的祖先彼此合作，并分享狩猎的战利品。

在进化进程中，人类之所以能幸存下来，体力运动能带给人快乐绝对是原因之一。在现代环境中，那种欣快感——不管是通过跑步还是通过其他运动获得的——能改善心情，让社会联系变得容易。理解跑步欣快感背后的科学原理，有助于你充分利用这种体验，不管你的目标是增强与社群的联结感，还是找到一种能让你沉醉于爱，感受到生命的喜悦的运动形式。

2010 年，人类学家赫尔曼·庞泽（Herman Pontzer）在他的尼龙帐篷中被一声狮吼惊醒。庞泽现在已经是杜克大学的教授，当时他在坦桑尼亚北部的埃亚西湖附近露营。那个营地正好在奥杜威峡谷附近，那里是最早使用工具的原始人类——能人——两百万年前生存的地方。庞泽去坦桑尼亚是为了观察哈扎人（Hadza）的运动习性，他们是非洲仅存的游猎采集部落之一。当时庞泽和他的团队，只在哈扎人的部落聚集地外露营了几天，仍在适应那里的环境。据他估计，那声狮吼距离他不足半英里。庞泽试着忘记那声狮吼，重新入睡。

第二天早上，他6点就起了床，加入围坐在篝火边的调查队。就在大家烧水准备冲些速溶咖啡和麦片时，一群哈扎人肩扛一只有蹄动物的庞大尸体走进营地。那些人也听到了惊醒庞泽的那一声狮吼，与他不同的是，他们没有继续入睡，而是摸黑离开了部落，追踪狮群，抢走了它们捕获的猎物，这种行为叫“猎物劫掠”。庞泽回忆说：“没什么比坐在那里吃着速溶麦片，看着五个哈扎男人带着从狮群劫掠来的羚羊满载而归，更让人觉得自己不像个男人的了。”

哈扎人和西方人生活方式上的巨大差别，正是庞泽和他的团队去坦桑尼亚研究的课题。哈扎人的居住环境与现代人类进化的环境十分接近。对他们的基因分析也显示，他们是地球上最古老的一支血脉。哈扎人可以说是人类的活化石。他们的进化程度不落后于地球上的其他人类，但是，他们的文化发展比其他社会慢得多。这里有近300名依旧遵从狩猎采集生活方式的哈扎人，他们的生存策略与早期人类的生存策略非常接近。庞泽的一位同事告诉我，如果想了解远古人类的生活样貌，“这就是最接近的版本了”。如果你想了解人类的身体和大脑适应了何种体力运动，这是亲眼见到的最好机会。

哈扎人的时间大部分都花在打猎和采集上。男人一大早就会带着手工制作的弓和涂毒的箭外出，捕猎范围小到鸟类，大到狒狒。庞泽第一次与两名哈扎男人一同狩猎，就目睹了他们一连好几个小时追踪一头受伤的疣猪留下的血迹。女人在早上会采集浆果和猴面包树果，挖掘木薯类植物。男人们要携带将近 20 磅[①] 重的食物回营地，下午还会再次出去。作为庞泽研究项目的一部分，他的团队给 19 名哈扎男性和 27 名哈扎女性带上活动追踪器和心率监控器，以记录他们一天的活动。通常，哈扎人一天会进行两个小时左右中等程度甚至剧烈的运动，比如奔跑；另外还有好几个小时的轻度运动，比如行走。男人和女人之间，甚至年轻人和老年人之间的活动程度其实没有太大区别，而且随着年龄增长，运动量还会略有增长。而美国人恰恰相反，他们的运动量在 6 岁左右时到达顶峰，大多数成年人每天进行中等或剧烈运动的时间少于 10 分钟。如果哈扎人的生活方式反映了人体的适应性，那么，我们这些现代人的生活方式实在是严重的错误。

值得一提的是，哈扎人完全没有工业社会如此普遍的心血管疾病。相比同龄的美国人，哈扎人血压更低，胆固醇、甘油三酯和 C-反应蛋白（血液中预测未来心血管疾病风险的物质）的水平也更为健康。你在高运动量群体中，也可以看到这些心脏健康的迹象。庞泽告诉我，更让他感到震惊的是，哈扎人少有另外两种现代流行病：焦虑与抑郁。虽然还无法判断这与他们运动量大的生活方式是否有关，但也很难不去这样想。在美国，日常体力活动水平——由记速

① 1 磅约为 0.45 千克。

器捕捉到的数据显示——与生活目标感有关。实时监控也显示，人们在运动时通常比静止状态更愉快，而且活动量超过平常状态时，通常会对生活的满意度更高。

美国和英国还做过这样的实验——强迫运动量中等的成年人在一段时间内保持静坐，结果发现他们的幸福感都有所下降。经常运动的人如果以静态活动代替运动，仅仅两周，就会变得焦虑、疲惫和心怀敌意。研究者随机挑选成年人，请他们减少每日步行的时长，88% 的受测人员都会变得比之前抑郁。运动量减少一周后，他们的生活满意度下降了大约 31%。如想避免焦虑、抑郁，避免生活满意度降低，需每天平均步行 5649 步。普通美国成年人每天的平均步数是 4774 步，而这一项的全球平均值是 4961 步。

人类并非一直就是狩猎者和采集者。两百万年前，一次重大的气候变化导致全球变冷，改变了东非的地貌。森林不再那么茂密，退化成了开阔的林地和草原。随着栖息地环境的变化，食物链也发生了变化，早期人类不得不去更远的地方，在更大的范围内捕猎动物、寻觅动物尸体以及采集果物。人类学家认为，这是人类进化过程中的一个转折点——自然选择开始青睐那些有助于我们祖先奔跑的身体特征。而幸存下来的，是身体更适合狩猎的人。

奔跑的动作无法形成化石，但骨骼可以。从这两百万年来的人类骨骼的化石记录中，可以清楚地看到人体结构发生了怎样的变化，从而让跑步成为可能。现代人类的祖先曾经直立行走四百万年之久，但有些偶尔还会在树上生活的古人类，他们的脚并不适合奔跑。他们的脚很灵活，有弧度，脚趾很长，便于抓握树枝。根据出土的化石来看，像我们这种更坚硬、不便于抓握，但更有蹬力的脚，最早出现在距今一百万至两百万年前。在同一时期出土的还包括直立人骨架，他们的股骨比稍早出现的古人类要长出 50% 左右，而且肩膀略宽，前臂更短，这些人体结构上的变化都是为了完成更高效的奔跑动作。

不用看化石，从自己的体格中，你也能观察到很多有利于奔跑的特征。更大的臀肌和更长的跟腱推动我们前进。相比其他灵长类动物，人类拥有更多慢肌纤维，它可以抗疲劳；在奔跑的肌肉中含有更多线粒体，能消耗更多的氧气用作燃料。我们也是唯一拥有项韧带的灵长类动物，这种韧带是连接颅骨底部与颈椎的结缔组织——其他可以奔跑的物种，比如狼和马，当然也拥有，能避免头部在奔跑中过度摆动。所有这些特征都表明我们在向着极限耐力运动员的方向进化。早期人类的存活依赖于长距离的快速移动，所以我们才生而就有便于长距离移动的骨骼、肌肉和关节。

大卫·赖希伦（Davi Raichlen）是亚利桑那大学的一位人类学家，他非常熟悉“自然选择偏爱能让人类奔跑起来的身体特征”这一观点。他本人的科研工作就建立在这个理论上，比如他在 2005 年发表的一篇名为《为什么人类的臀大肌如此发达？》（*Why Is the*

Human Gluteus So Maximus?）的论文。但他一直没有想明白人类奔跑的动机。大自然创造了便于奔跑的骨骼，但仅此一点还不足以创造出极限耐力运动员。是什么激励早期人类愿意付出这么多的努力？更何况，人类甚至还有保存能量的趋向。抱着捕捉到大型猎物的希望跋涉一整天，还要冒着耗尽能量储备的风险，用赫尔曼·庞泽的话说，捕猎和采集是“以卡路里作为通货的高风险博弈，破产就等于死亡”。而且，一整天的捕猎和采集让人痛苦、疲劳又无聊。只是为了填饱肚子就能驱使一个人狩猎一整天，或者从早到晚不停地采集果物吗？

赖希伦是名休闲跑步者，他开始思考跑步欣快感这件事。还从来没有人针对这种欣快感提出过很合理的解释。如果这种欣快感不是长跑的随机副产品，而是自然对坚持的奖励呢？有没有这种可能：进化已经找到了一种办法，利用大脑中让人感觉良好的化学物质，让人从耐力运动中得到更多回报？赖希伦打趣道，也许早期人类为了不被饿死，需要在跑步时体验欣快感。他推论，这种神经系统的奖励必须做两件事：减缓痛苦、产生快乐。科学家们一直推测，跑步欣快感也许就是内啡肽引起的，也有研究表明高强度运动会引起内啡肽激增。但是赖希伦有另一种猜测，他认为是一种叫作内源性大麻素的大脑化学物质导致的。大麻和大麻制品中都含有这种化学物质。内源性大麻素有缓解疼痛、改善情绪的作用，这符合赖希伦提出的奖励体力劳动的假设。大麻的许多作用与运动引起的兴奋感一致，包括忧虑和压力的突然消失、疼痛的减轻、时间变慢和感官体验增强。

早期研究曾经暗示，运动也许会触发这些大脑化学物质的释放，但还没有人在跑步过程中记录过，所以赖希伦请经常跑步的人在跑步机上尝试不同强度的跑步模式。每次跑步之前和之后，他都会采血来测量实验对象的内源性大麻素的水平。缓慢步行 30 分钟后，该水平没有变化；用最快速度奔跑同样没有发现变化。但是慢跑后，内源性大麻素水平上升到原来的三倍。此外，该水平的提高似乎也与跑手自己感受到的欣快感成正比。赖希伦的直觉是正确的。跑步欣快感是一种兴奋感。

为什么慢跑可以提高内源性大麻素水平，但缓慢步行以及剧烈奔跑都不行呢？赖希伦推测，当我们进行的运动强度，与两百万年前人们狩猎和觅食的体力劳动相似时，大脑会对我们进行奖励。果真如此的话，自然选择应该也是通过类似的机制，奖励其他需要捕猎或者采集的动物的。比如犬科动物就是通过进化适应了远距离追捕。赖希伦决定让宠物狗也试试跑步机，看看它们会不会得到欣快感（狼应该是更好的实验对象，但是狗更愿意配合）。赖希伦选择宠物雪貂作为对照组。野生雪貂是夜行动物，以捕猎洞穴中熟睡的小型哺乳动物为生。它们也会捕食蟾蜍，搜集鸟蛋，还会追捕一些不需要过于消耗体力的猎物。自然选择没有理由奖励雪貂的耐力——显然雪貂也没有耐力。慢跑 30 分钟后，宠物狗的血样中可见内源性大麻素水平升高。而雪貂，虽然在跑步机上以惊人的 1.9 英里 / 时的速度快跑，却没有显示出这种趋势。

这一切对今天的休闲健身者意味着什么？首先，也许跑步者解锁欣快感的关键并非跑步这个动作本身，而是持续性的、中等程度的运动。事实上，科学家在单车运动、在跑步机上用上坡模式行走和户外徒步中都发现了类似的内源性大麻素水平增高的现象。如果想体验这种欣快感，只需要投入相应的时间和精力。比如茱莉亚（Julia），22 年前被诊断出患有一种罕见的基因型小脑萎缩症，这是一种会逐渐恶化的疾病，其症状包括身体失衡、震颤和肌肉痉挛。茱莉亚已经退休且独居，而她生活中最重要的，就是维持照顾孙辈们所需的灵活性。所以，每天清晨她都要步行 500 米，然后在她居住的公寓楼内走 140 级楼梯。她的家人为她计算距离，还为她挑选了锻炼时听的歌单。公寓中的其他住户在遇到茱莉亚时会对她表示支持，总是友好地说她又“出来巡逻”了。每天进行这些锻炼，已经足够让茱莉亚产生欣快感。正如她所说的：“我肯定是上瘾了，因为我真的很享受……是因为肾上腺素吗——那些徒步者，还有马拉松选手产生的？我想我好像也产生了。”

任何能让你保持运动，并让你心跳加速的事物，都足以触发天性对你不放弃的奖赏。运动所引发的欣快感，不要求你必须取得某种运动成绩，也不需要你达到某种速度或者距离。你只需要做一些中等程度的运动，坚持至少 20 分钟。因为跑步的欣快感并非从奔跑中产生，而是坚持。

要是你在得克萨斯州的奥斯汀遇到经常在公园里慢跑的朱迪·班德（Jody Bender）——一位30岁的人事经理，你首先注意到的肯定是她的右腿。与左腿不同，她的右腿满是文身。在她的右大腿前侧，是一匹展开翅膀的黑白相间的飞马；从脚踝到膝盖，是一只站在猩红罂粟田中的蓝色山羊，它肌肉分明，鬃毛纯金；在右脚上还文着一只幸运兔子。两腿的差别如此之大，并非偶然。23岁时的一次中风，导致班德右腿失去知觉。当时她在家里想用加热垫缓解脖子疼痛，突然她感受到一种前所未有的奇怪感觉，就好像一条蛇在她左侧的头骨里爬行。当她站起来时，发现自己已无法正常行走，感觉好像站在一条正在下沉的船上。她坚持走进浴室，病情迅速恶化，她爬回床上，接着就晕了过去。

现在班德知道了，当时那种有条蛇在头骨里爬行的感觉，实际上是血管破裂，血液渗入大脑。她患有遗传性纤维肌发育不良，所以她的血管比常人脆弱，十分容易破损。她在拉伸颈部时弄破了一根动脉，引发了出血性中风。中风一周后，她做了一次核磁共振，发现左脑中有一块高尔夫球大小的白斑，那是血液存积的地方。那次中风后，班德的右腿以及右脚有段时间一直毫无知觉，就好像它们永远地陷入了沉睡。当时她的医生都不敢确定她的右肢是否还能恢复知觉。一年后，她开始重新走路，但还是经常会被绊倒。当时她还在使用抗凝血素，以避免再次中风的危险，但这种药物也让任何意外都变得更危险。一旦受伤，她的身体将无法阻止血液流失。她记得有一次，她在屋外遛狗时被绊倒摔在人行道上，她的手掌和膝盖与地面接触的地方血流如注，班德在那一刻下决心，她要提高身体的稳定性和力量。

她开始了强度更高的物理治疗，虽然她的医生也不确定有没有用。第一次治疗时，理疗师让她上了一台装饰着山脉花纹的平衡机。机器一开始转动，班德就摔倒在地。她的理疗师，同时也是一位马拉松跑手，认为在跑步机上跑步可能对训练她的平衡性有好处。班德当时说："我说，你是疯了吧？我肯定要摔个满嘴泥。"但她的理疗师就站在旁边，防止她摔倒，并鼓励她每 30 秒交替一次走路和跑步。"其实那都不算跑步，最多就是快走而已。"她花了一个月才完成了大约 1 英里距离的奔跑。两个月后，她的理疗师鼓励她在跑步机上挑战 5 公里。当时有一张照片，班德面带微笑，目视前方，她的理疗师在旁边鼓励着她。"能做到我真的很意外，"班德告诉我，"我从没想过我能走到这一步。"

中风前，班德绝非跑步爱好者。"我讨厌跑步。我感觉这辈子跑步都没超过 1 英里，如果非要跑步，那恐怕是遇上大麻烦了。"现在她几乎天天跑步。她经常会带上她的宠物狗库丘——"它是只很贴心的宠物狗。"听到"库丘"这个名字，我愣了几秒才恍然大悟。班德解释说，她是个恐怖片狂热爱好者[①]。“库丘是个出色的赛跑运动员，它让我跑得更快。”她有一鞋柜跑鞋，准备去跑步时，她总是先穿左脚的鞋袜。她凭感觉先套上左脚的袜子，然后小心地拽上右脚的袜子，尽力让右脚的袜子看起来像左脚一样合适，穿鞋也是一样。整个流程每次都要花上几分钟，只有这样她才能判断右脚的袜子穿没穿对。“没有知觉让我更容易受伤，因为这一侧完全没有感觉。曾经有一次我穿着进了颗小石子的鞋跑了好几英里，后来脱鞋时看到血迹才发现。”

有时，她会在跑步时回想自己的这段旅程。“一般是在长跑结束前，我开始思考我在哪儿，我来自哪儿。”她说，“有时跑着跑着我还会痛哭。应该没人注意到，因为我会出很多汗。我也不确定这是不是所谓的跑步欣快感，还是说，我只是不敢相信自己能做到这些。我真的很为自己感到骄傲。我曾经做不到这些，而且就在不久之前。”班德跑步的公园里，有条泥泞的小路穿过了树林，还有一条很难跨过的小溪。那一带地形不太平坦，小路上有很多小石子，凹凸不平，有时候草丛里还有蛇出没。“有时跑着跑着，我的目光会离开面前的小路。我不再观察不平坦的小径、树上掉落的橡子，或者马路牙子。我开始直视前方，很远的前方。我迈开步伐。我有信心

---

① 译注：库丘（Cujo）是由史蒂芬·金的著作《狂犬库丘》改编的电影中罹患狂犬病的狗的名字。

应对不平的路面，或是从马路牙子上跳下来。而这就是跑步最快乐的时候。”

在纪录片《伟大的舞蹈：猎人故事》（*The Great Dance: A Hunter's Story*）中，拍摄团队捕捉到了一次当代的持久狩猎。一位名叫库洛·朗宛（Karoha Langwane）的猎人在大约 49 摄氏度的喀拉哈里沙漠中，持续数小时地追捕一头羚羊。克雷格·福斯特（Craig Foster）——这部纪录片的导演之一，在拍摄时还担心羚羊在追捕中累得筋疲力尽，倒在猎人面前，最终被猎人的矛刺穿胸膛的画面可能会让观众有些难以接受。事实是，影迷被那一幕深深打动。此外，库洛结束追捕后知道可以给家人和部落带回食物而满心欢喜的表情，深深打动了观众。福斯特向 ESPN 的一位记者透露：“观众被打动，是因为他们看到了内心深处自己都不知道的重要特质。”

坚持才能生存。亲眼见证人类传承下来的这种能力，令人十分敬畏。而这正是众多跑步爱好者和运动员克服惰性迈出的第一步，也是撑过诱惑他们停下来的疲惫期时亲身经历的非凡体验。朱迪·班德给我讲述了最近一次和丈夫一起去得克萨斯州的大本德国家公园徒步的经历。整整三天，他们背着沉重的行李，在深山中徒步行走了 15 英里，这是之前班德接受理疗时，艰难地在平衡机保持平稳时无法想象的事。在那次徒步中，班德摔倒了好几次。“感觉很热、很不舒服，浑身都疼，我差点儿就脱水了。”她回忆道，“但是完成徒步的下一秒，痛苦的部分就完全想不起来了，只记得最终完成时的感受：天哪，我说过我要做这件事，但它这么难，我没有放弃，我竟然做到了。这种感觉真的很棒。”

要想体验到运动中的欣快感，坚持是关键，但也许我们其实不该这么想。我们坚持，不是为了体验神经化学物质的奖励，而是因为这种欣快感根植在我们体内，让我们得以生存。自然选择让我们生而拥有能追逐目标、迎难而上的能力。跑步的欣快感就是一种短期奖励，带领我们去完成更高的目标。对很多人来说，坚持的体验能给运动赋予意义，让这种体验变得有价值。坚持的欣快感有一个不太为人所知，但更持久的副作用：你会体验到，在困境中的你是一个坚持不懈、勇往直前的人。这就是中风七年后，朱迪·班德眼中的自己。她把自己建立起来的自信都归功于跑步。“现在我了解自己，”她告诉我，“以前的我并不了解自己。”

神经学家把内源性大麻素称为脑内的“忘忧”化学元素，这为我们提供了运动欣快感对大脑影响的重要线索。大脑专门处理应激反应的区域——包括杏仁体和前额皮层——都富含内源性大麻素受体。当内源性大麻素分子与这些受体结合，恐慌感就能得到缓解，我们就能产生满足感。内源性大麻素也能激发大脑奖赏机制分泌多巴胺，这会进一步激发积极乐观的情绪。跑手阿德哈兰德·芬恩（Adharanand Finn）曾经说：“也许这个过程只是各种化学物质在你大脑中的反应，但长跑后，你会感觉一切都很美好。”

另一个理解内源性大麻素作用的方式，就是观察它摄入后的效果。曾经有一种名叫利莫那班的减肥药（现在已经被禁用），它能通过阻断内源性大麻素受体，有效地降低食欲。临床实验发现，这种药物会引发焦虑和抑郁情绪惊人的增长，还导致过四起自杀事件。由于这种药物会带来如此严重的情绪副作用，所以它退出了欧洲市场，而且从未被美国药管局批准过。在一次可能并不怎么明智的实验中，VICE 的记者汉密尔顿·莫里斯（Hamilton Morris）想办法弄到了一些利莫那班，借此尝试与欣快感相反的感觉是什么样。莫里斯是这么描述 60 毫升利莫那班的作用的：“我从来没有感到这么低迷过。”他被焦虑和恶心的感觉折磨着，发现自己会无来由地想哭。而实验结束后，莫里斯说恢复过程中的感受非常像跑步的欣快感。“神经化学物质的闸门大开，那种欣快感的反弹超乎想象。”莫里斯写道，“我整晚在街头游荡，心里却感到宁静而快乐，我想和每个陌生人击掌庆祝。”

利莫那班现在依然用于科学研究，如果给喜欢奔跑的鼠类服用这种药物，会使得它们的运动量急遽下降。（有一个实验就是让小白鼠摄入四氢大麻酚——大麻的精神活性成分，而不是利莫那班。结果发现，四氢大麻酚对小白鼠的跑步量没有太大影响，但是它们在转轮上会有怪异的表现。）阻断了内源性大麻素，也就阻断了跑步欣快感的两大好处：减少焦虑和提高疼痛耐受力。小白鼠一般对新实验存有恐惧，但是在转轮上跑动一段时间之后，它们再被放进不熟悉的黑箱中会明显勇敢很多；当它们被放在烤热的托盘上——它们会跳来跳去并且舔舐它们的爪子——也会显得不那么难受。如果在跑动前注射利莫那班之类的药物，就不会有这些积极效果。它们与没有运动过就被放入黑暗中的小白鼠一样很容易感到恐惧、受到伤害。

这些发现进一步证明了内源性大麻素会奖励跑步。这也让我们对日常健身活动能产生的心理效果有了更多有趣想象。巅峰的欣快感很容易被注意到、体验到，但我们也许没有意识到，这些大脑化学物质的分泌其实是在帮助我们为接下来的事做准备。国家日常经验研究院（The National Study of Daily Experiences）追踪记录了 2000 名年龄从 33 岁到 84 岁不等的美国成年人 8 天内的运动与心情变化。他们每晚都打电话联系参与者，询问当天压力最大的事是什么。在活动量大的日子里，那些有压力的事——比如工作冲突或者照顾生病的孩子——对他们心情的影响要小很多。

在实验中得出，健身甚至让人能抵御由 CCK-4 引发的惊恐发作。CCK-4 是一种会激发严重焦虑，以及心跳加速、呼吸急促等生理症状的药物。在摄入 CCK-4 前运动 30 分钟，其效果相当于服用阿替凡等苯二氮卓类药物，在起到镇静作用的同时还没有这类药物的副作用。想想看，运动可以抵消直接注射进我们体内的焦虑。我一般早上刚醒来时心情都不会太好，但我已经学会了要强迫自己起床，拖着蹒跚的步伐去厨房喝一杯咖啡，做些简单的健身运动，其他什么事都放在后面。对我来说，这就是生存策略。我希望让健身之后的我——那个勇敢、更为乐观、准备好面对任何困难的我——来面对一天的生活。

妮基·弗莱默（Niki Flemmer）是西雅图一位 37 岁的护士，已经习惯了每天在健身房的跑步机上跑五公里。正当她厌烦了每天一个人做一样的锻炼时，她听说当地有家健身房提供集体跑步机和划船运动的健身课。“听起来很难，而且我也不知道自己能不能适应那种强度。”她回忆道。当时她正在努力尝试一些让她害怕的事，所以她决定尝试一下这个课程。

在课上，每个人都要尝试一个对他们来说稍有难度的节奏。有的人跑 1 英里只要 7 分钟，而有人则需要用 15 分钟。弗莱默很高兴地发现，在团体课程上，即使是同样的运动量，感觉也和她一个人健身的时候完全不一样了。好像课程里的每个人都在努力完成某个集体目标，他们的努力不再只是为了自己，也是为了支持其他人。她最喜欢的部分就是教练号召他们全力冲刺时，她会跟旁边跑步机上的人说一句“我们冲！”“看到其他 12 个人都在全力以赴时，我总是被感动得泪水盈眶。”

健身房有一排镜子，最近一次健身时，弗莱默与身后跑步机上一位男性的目光在镜中相遇。“那一刻我们感到心灵完全相通，我们用动作鼓励对方。我心怀感激。感激他，感激他展示自己的能力，也感激人类心灵相通的能力。”这种感觉一直持续到课程结束。“我觉得我在公共场合更加勇敢了，更加敢于和其他人眼神接触。”她告诉我，“这帮我意识到，其实所有人都希望能和别人产生联结，虽然他们也许不会承认，但人们就是喜欢别人向他们微笑。”

运动出汗竟然能提高人的社交自信，这个结果很令人意外。但让跑步产生欣快感的化学物质，的确会促使我们与他人产生情感联结。在 2017 年一份关于内源性大麻素系统的脑内作用报告中，科学家发现了三种可能会放大这种效果的因素：大麻中毒、运动和社会联系。那与低内源性大麻素水平联系最大的三种心理状态是什么？答案是：大麻戒断反应、焦虑和孤独感。内源性大麻素的效果不仅是减轻忧虑、给人快乐，还会让人感觉与他人亲近。这种脑内化学物质水平的提高，会增加一个人与其他人接触时感受到的快乐，减少影响与他人建立关系的社交焦虑。抑制内源性大麻素会影响跑步欣快感的产生，而且会让人失去与他人建立联系的欲望和能力。给小白鼠注射大麻素阻断剂会让它们不愿意与其他小白鼠互动。而且在鼠类身上，还观察到了母鼠不再关心幼鼠的现象。

跑步欣快感的作用恰好相反：它能帮助人们建立感情。许多人都跟我说过，他们把跑步视为与朋友或爱人联络感情的方式。41 岁的作家约翰·卡里（John Cary），家里有两个孩子，他与小女儿一起创造了许多跑步的美好回忆。他会把小女儿的儿童座椅放进慢跑推车，推着她上坡，推着她在他们的故乡——加州奥克兰的小路上慢跑。有时候他们一起模仿动物的叫声，有时候他会给她讲这个世界上那些爱着她的人。“在跑步过程中，我能说出她生命里五六十个人的名字。她能不能理解是另一回事，但我很享受这一段与她共享的时光。”

还有人跟我说，每天健身让他们能更好地胜任父母或爱人的角色。健身后，他们可以焕然一新地回到家人身边。有一位跑步者提到过：“有时我的家人会催促我出门跑步，因为他们知道跑步之后的我是更好的我。”有研究发现，在健身的日子里，人们与亲友的互动更为积极。已婚夫妇双方都表示，一起健身的日子里，两个人的关系会更为亲密，更能感受到爱和关怀。

某天，我发现了一篇研究大麻素与社会联系二者关系的论文，这让我想起了人类学家赫尔曼·庞泽跟我提起的另一件事：关于早期人类适应环境改变的能力。他坚信，跑步并非帮助他们幸存的唯一因素。“如果说哪个行为标志着狩猎与采集活动的起源，是改变了一切的关键，”他说，“那就是分享。”

不论是在今天哈扎人的生活中，还是我们对几十万年前的人类进行的推测，狩猎与采集这两种活动都属于劳动分工。群体的某些成员出去打猎，而剩下的人进行更稳定的工作，比如采集植物果实。“人们把自己一天的成果会聚在一起，共同分享，这样每个人都有足够的食物。”庞泽说。一个群体越善于分享，存活的可能性就越大，而自然选择不仅青睐提高身体耐力的特征（比如更长的腿骨），还偏爱鼓励群体内合作的特征。这就是为什么人类进化出了眼白，因为它能帮助我们通过眼神接触进行交流。

另一种适应性的进化是神经系统对分享和合作的奖励，这种奖励类似跑步的欣快感。相互合作会激活大脑连接奖赏机制的区域，释放出让人感觉良好的一系列化学物质，其中有多巴胺、内啡肽以及内源性大麻素。这种混合体可以称为合作快感：它让人在与他人为共同目标而合作时感觉良好。脑成像研究表明，当你脑海中呈现出之前合作过的人的脸时，就能重新激活这套奖赏机制。从进化的角度来讲，这是信任的神经生物基础。这也是一种可预期的欣快感。毋庸置疑，这也是妮基·弗莱默在团体跑步和划船运动中如此愉快的原因之一。当她进入健身房，看到那些在之前的健身中曾经与她击掌、与她一起欢呼的人，大脑的奖赏机制就发生了作用。

分享也许还是一种吸引人们进行群体健身的幸福感。一位练习柔道的女性曾经跟我说，训练中她最喜欢的部分就是分享装备的传统。“柔道馆就像个大家庭，共享装备是最重要的一个传统。这是欢迎你的方式。”她的第一身柔道服，也就是队员练习时需要穿的棉背心，就是从朋友那里借来的。她的护齿是道馆里另一个学生送她的礼物。接受他人馈赠是归属感的一部分。“装备不齐不是问题。”她说，“这可以让别人知道你需要他们。”

哈扎营地的夜晚是在篝火旁度过的，这是在一整天冒险狩猎、全心采集之后的放松时刻。科学家会告诉你，围坐在篝火旁会促进人类的社会联结。篝火旁的温暖、跳动的火焰和柴火爆裂的声音，都在让我们放松下来，进入一个更容易与他人建立情感纽带的愉快状态。在想到哈扎人的夜间仪式时，我忍不住想：也许跑步的欣快感也有类似效果呢？运动的余韵会不会让你更能感受到与人分享的温馨？在一天结束时，大家坐在一起分享故事、共进晚餐也变得更让人感到满足？

在我看来，内源性大麻素给跑步者带来的欣快感，不仅能让人更享受狩猎和采集，通过促进情感联结，它还会让人更乐于分享猎物。罗马第一大学的一项实验表明，运动可以产生这种效果。研究人员让实验参与者玩一个经济游戏，要求参与者向一个公共资金池投入资金。投入越多，所有成员就会受益越多。游戏开始前先进行30分钟运动的参与者，会比没有运动就玩游戏的参与者投入更多的资金。

我向人类学家大卫·赖希伦提出了我的猜想——跑步的欣快感会鼓励合作和情感联结。他认为通过运动提高内源性大麻素水平，从而促进社交凝聚力是完全可能的。事实上，他一直很想研究与他人一同运动是否会产生比独自运动更多的内源性大麻素。但我对另一个可能性更感兴趣，那就是经常运动可以增进合作欣快感，让我们从团队合作和帮助他人中得到更多快乐。事实证明，我并不是第一个想到这一点的人。当你把跑步的欣快感与帮助他人的欣快感放在一起，这种回馈远胜于能带来满足感的健身活动。跑步者们成了一个大家庭，人人关心社群，如同现代人类找到了自己的部落。

35 岁的尼克莱特·华莱士（Nykolette Wallace），是英国国民医疗体系的一位管理人员。有一次，她竟然顶着伦敦东南部的大雨在街上奔跑，那场雨非常突然，她穿的衣服完全无法御寒——卫衣和棒球帽根本挡不住大雨，很快她就浑身湿透了。当时华莱士正和一群志愿者一起跑步，他们来自 GoodGym——伦敦一个策划群体跑步和社区项目的志愿者组织。当时他们就在华莱士位于刘易舍姆的家附近，目的地是金史密斯社区中心，这个中心会向当地人提供幼儿园、团体祷告、交谊舞课、宾戈游戏加鸡肉午餐和戒酒会等服务。在去中心的路上，他们一行人正好路过华莱士的家，她差点就想抛弃其他人回家换身干衣服，好好暖和一下。可是她无法抛下朋友们，她不想离开。"人们经常抱怨'下雨了，我真想进屋躲躲'，当时我们就在雨中，可我们都在大笑着聊天。"她回忆道，"我们要做些很棒的事，因为我们想做。其他什么都不重要了。"

GoodGym 的创始人伊沃·格姆利（Ivo Gormley）经常看着人们在健身房的跑步机上原地踏步，他一直认为这些精力都被浪费了。他开始思考有什么办法能利用这些能量。作为第一次试验，格姆利让志愿跑步者去看望伦敦当地的孤寡老人。根据政府调查数据显示，英国半数的老人都表示他们只有电视和宠物陪伴，许多人可能一周才出门一次。英格兰和威尔士有20万老人一个月也未必能与亲友联系一次。一位向GoodGym申请被探望的老人解释说："能见见人真的很好。我的朋友就只有电视上出现的人。"这些老人被称为"教练"，因为他们的角色就是给这些志愿者动力，让他们有个地方可去，或者有个人可以去探望。跑步者们会定期跟自己的"教练"电话联系，如果需要，他们就会去"教练"家里帮些忙，比如换个灯泡之类的。时间一长，就发展出了友谊。有很多次，生病的"教练"住院时，只有志愿者去探望，而"教练"出院时，也经常是他们去接。有时候角色会互换，由这些"教练"来给GoodGym志愿者帮些忙。

随着GoodGym的规模扩大，其影响力也随之扩大，它开始在跑步者和住在附近的其他志愿者之间建立联系，让他们在自己的社区开展各种项目。每个跑步团都会从简单的热身开始，了解他们当天的任务。接着他们会跑步一两英里到达项目地点，同时要保持一个可以让他们交谈、分享故事的跑步节奏。此外，还有一个指定的收尾人员跟着跑步团，确保没有人掉队。GoodGym还增添了步行团，专门针对那些需要或者更喜欢慢节奏的健身者。到达目的地后，他们有时会整理捐赠物、除草、整理小区的玩具馆，或者为当地流浪汉——最近就有一个跑步团这么做了——做意大利番茄牛肉面和铺床，等等。华莱士的跑步团被大雨淋得湿透的那天，正是去金史密斯社区中心的路上，志愿者们要给那儿的门和门框抛光，为之后的上漆做准备。忙着用砂纸为木头打光的华莱士已经忘记了冰凉、潮湿的衣服和浸水的跑鞋。雨停后，跑步者们开始为中心即将举办的圣诞节义卖发传单，当地居民可以在这次的义卖上品尝热红酒、百果馅饼，还能买些节日用品。跑步过后，GoodGym 的志愿者们会做一些拉伸给身体降温，在附近的酒吧为自己的圣诞节聚会做计划。

加入 GoodGym 之前，华莱士几个月才会慢跑一次。现在她和她的跑步团每周都会去跑步。“每次我追地铁，都会看到自己的进步。”华莱士说。她最喜欢的一个团队任务就是在当地最大的购物中心门外的花盆里种郁金香、水仙花和三色堇。在那之后不久她去看望祖母，祖母问她：“你看到刘易舍姆购物中心外面那些大花盆了吗？”

华莱士在当地社区还有一个“教练”——一位 75 岁高龄的独居老人。第一次去看望他时，她十分紧张，胡思乱想着如果他不喜欢自己怎么办？如果无话可说怎么办？她本来打算待 15 分钟，最后却待了一个小时，和他聊人生、书籍、动作电影，还有蓝色星球系列纪录片。“没想到我们有那么多共同点，”她跟我说，“有一天我跟他说‘真高兴认识了你’，他说他也有同感。”华莱士没想到她和当地的跑步团的感情会那么浓。她把 GoodGym 称为自己的大家庭。在华莱士第一次听说 GoodGym 时，她正被困在日常三点一线的生活里。作为一个抚养十几岁女儿的单身母亲，她除了同事并没有多少朋友，她一直渴望归属感。在她加入 GoodGym 一周年纪念日那天，只是想了想跑友对她多么重要，她就心情激动起来。“我知道我有什么困难都可以向他们求助，”她跟我说，“我从来没有体验过这种归属感。”刘易舍姆跑步团的一位团员说，也许健身组织的初衷只是想让社区的孤寡老人不再处于社会隔离的状态，但其实很多志愿者在加入前也是很孤独的人。GoodGym 让恰好住在一起的陌生人形成了一个更紧密的社群。

最近，在豪恩斯洛区的一位名叫雷米·迈塞尔（Remy Maisel）的 GoodGym 跑步者，正处于喉炎术后恢复期，她发推特说：“今晚被 @GoodGym 救了！我很想家，而且我要错过我的团跑了，很伤心。结果 @GG 豪恩斯洛居然跑来看望我，还带了我最爱吃的零食，让我明天能在病床上继续好好休息。谢谢大家。”她配的照片里有咬了一口的酥脆芝士通心粉、白巧红莓小松糕和慰问卡。她的推文让我想起，分享食物让我们知道自己属于“部落”，这是人类内心最原始的部分。而她的“部落”正在确保她可以吃得饱。多么奇怪又美好的感觉，进化带来的跑步欣快感居然与人性的这个部分有关。这又是多么不可思议，通过运动、志愿者团体活动，我们就能缔结让我们更加幸福的友谊。

谈到跑步欣快感，极限赛跑运动员阿米特·谢恩（Amit Sheth）写道：“海伦·凯勒（Helen Keller）说：‘世界上最棒最美妙的事物，我们看不到甚至摸不到。它们必须用心去感受。’跑步中体验到狂喜就是其中一种。”我看到这里时，觉得完全可以用它来形容归属感带来的快乐。

跑步和归属感是奇怪的共同体。为什么我们的大脑能这么轻松地就把运动和社交绑在一起？为什么跑步者的欣快感生物学特性与合作产生的神经化学特性如此类似？不管原因为何，我们就是如此进化的。我们的耐力是为了自己，也是为了别人。不管是追捕晚餐、推车上坡，还是为邻居跑腿，我们都在努力中获得快乐。而且运动越活跃，这些体验的回馈就越强烈。这是因为定期运动影响大脑感受的一个方式就是提高内源性大麻素受体的密度。你的大脑会对任何刺激内源性大麻素系统而产生的快感变得更加敏感，或者说能体验到更多快乐。这其中就包括了跑步的快乐，这也就解释了为什么运动得越多，人们就会越享受。这也同时包括了社交快乐，比如分享、合作、游戏和建立关系。通过这种方式，规律运动有可能降低与别人建立联系的心理阈值，让人更容易自发地产生亲密感、友谊和归属感，不管是与亲人、朋友还是陌生人。

乍一看，跑步的欣快感也许不太能解决社交孤立的问题。然而那些让我们的祖先免于挨饿的神经生物学奖赏机制，也许正保护我们免受现代社会的饥饿——孤独感。运动与社会联系的这种紧密关系，更给了我们充分的理由去运动。而且它也提醒我们，人类需要彼此，这样才能繁荣兴旺。

THE
JOY OF
MOVEMENT

02

大脑奖赏机制：
运动是摆脱抑郁的良药

人类不仅会因为运动本身的感受得到奖励，也会从运动的意义中得到奖励。

运动可以重新唤醒奖赏机制的部分功能。如此一来，相比成瘾药物，运动其实更像抗抑郁药物。这也是我能想到与运动对奖赏机制的作用最相似的类比，并非成瘾，而是持续的深部脑刺激术——一种最有希望治愈抑郁的方法。

20 世纪 60 年代末，居住在布鲁克林的精神病学家弗雷德里克·贝克兰（Frederick Baekeland）召集了一批健身者，进行一项关于睡眠的研究。他的最后一项实验结果显示，运动能帮助人们睡得更香甜。此外，他还想看看减少运动是否会影响睡眠，这只需要一些长期运动的人自愿停止运动 30 天。问题是，没人愿意配合这项研究。

贝克兰提高了报酬，远高于他给之前参与者提供的。后来他写道："许多潜在的研究对象，尤其是那些每日健身的人，表示给再多钱也不会中断健身。"那些最终参加研究的人，不但抱怨睡眠质量降低了，还抱怨说他们产生了严重的心理压力，他们认为那都是缺乏锻炼引起的。

这次研究的结果发表于 1970 年，被公认为是首次针对运动依赖性的研究。在那之后，又先后出现了众多研究，其结果都显示长期运动者如果突然中断运动哪怕一次，也会导致焦虑和易怒；如果中断三天，将产生抑郁症状；中断一周，会导致严重的情绪波动及失眠。匈牙利运动科学家阿提拉·萨博（Attila Szabo）表示，根本"没有希望”开展长期中断运动的实验。即使真的能找到参与者，他认为，那些健身狂也会偷偷健身。

“成瘾”是健身狂人和科研人员都很喜欢用的比喻，而且从某种角度来说，这个比喻也不无道理。运动对心理的影响很大，这和大麻、可卡因等药物作用的是同一套神经系统。当运动者们声称自己需要“用药”时，这种欣快感绝对是他们渴求的一部分。健身狂们也显示出物质依赖者会有的怪癖，就像嗜酒者很容易被面前的红酒、白酒吸引，长期运动者会更容易被与健身相关的事物吸引。这种现象——所谓的注意捕获——显示出了大脑总在寻找机会纵容自己的爱好。脑成像研究中还有很多类似的、极具说服力的现象。比如，自称为健身成瘾者的人看到其他人健身的照片，他们脑内的渴求系统就会被激活，与烟瘾者看到香烟时的反应一模一样。有一小部分健身者，还表现出了心理依赖症状，对“健身是我生活中最重要的事”这样的说法有认同感，并承认有“我和亲人或者爱人在我的运动量问题上产生过矛盾”这样的情况。一位 46 岁的长跑者向研究者透露，在脚踝骨折后，她仍坚持跑了两年，而不是休息一段时间让骨头愈合。当问到什么事能让她中断跑步时她回答道：“恐怕只能给我戴上脚镣了。”

这些研究显示，运动与最厉害的成瘾物质一样，都能让人成瘾。通过对比运动与成瘾之间的相似性，我们也许能更好地理解运动对大脑的影响。这也能解释为什么运动越多，我们从运动中感受到的回馈就越强烈。但是，运动成瘾的类比也有其局限性。大多数健身狂人并没有因健身影响健康，也没有产生终生难以摆脱的依赖性。相反，他们与运动之间的关系，包含着渴望、需要和奉献。如果要形容人们对自己最喜欢的运动项目的热情，其实有比物质滥用更好的类比。说到底，人们迷上健身，并非典型的成瘾症。如果非要用药物比喻运动，那运动更接近抗抑郁药物。对大多数人来说，比如我自己，迷上健身并非因为它使人成瘾的特性，而是因为人们的大脑会自动加强对我们有益的联系。

十多年来，科学家们一直在努力研究模拟运动所带来的生理益处的药物。我们可以不通过健身，而是通过摄入药物，在体内产生只有繁重的训练才能产生的分子变化。不是每个人都觉得这项研究有意义。生物学家小西奥多·加兰德（Theodore Garland Jr.）对一位纽约记者表示："就我个人来说，更看好能给我们更多动力去健身的药物。"加兰德的观点并非独有。运动生理学家萨缪尔·马可拉（Samuele Marcora）就曾提出服用精神药物使人变得活跃。他认为最具潜力的药物首先是咖啡因；其次是莫达非尼，可以让嗜睡症的病人保持清醒；再次是利他林，一种类似安非他明的兴奋剂。值得注意的是，这三种药物都主要作用于多巴胺和去甲肾上腺素，这两种物质的神经递质水平都会在人们运动时自然升高，发挥促进有益情绪的功能。马可拉甚至提出，作用于类鸦片系统的药物，如果能增进运动欣快感，也是有用的。（“我还记得第一次对一位运动心理学家提出这个设想时他被吓坏的表情。”马可拉写道。）

不知道这种方式会让你恐惧还是激发你的好奇心，反正我是觉得有点儿得不偿失。它假设人类大脑缺乏发现体育活动能带来足够回馈的能力，因而需要其他精神控制类药物欺骗或者说引诱人们喜欢上运动。但这方面的研究结果非常清楚：你不需要精神药物来塑造运动的习惯。从很多意义上来讲，运动本身就是一种药物。如同成瘾性很强的药物，长期规律的运动会让大脑喜欢运动，想要运动，并且需要运动。

所有成瘾其实都源于大脑的奖赏机制，而且每一种成瘾药物——酒精、可卡因、海洛因、尼古丁——都以相似的方式作用于这个机制。第一次使用时，成瘾物质会激发一次多巴胺爆发，而多巴胺是象征奖赏机制的神经递质。多巴胺会掌控你的注意力，命令你接近、使用或做任何能再次引发这种爆发的事情。大多数成瘾药物还会激发其他让人感觉良好的脑内化学物质，比如内啡肽、血清素或去甲肾上腺素。就是这种强大的神经递质的组合，让这些药物有了成瘾性。

长期使用这种药物，最终会触发研究人员称为成瘾的分子开关。反复摄入成瘾性药物，会导致奖赏机制的神经细胞积聚一种帮助大脑学习经验的蛋白质。而这种蛋白质会触发脑内多巴胺能细胞的持久改变，让它们对一开始触发这个过程的药物的反应尤为剧烈。对长期使用可卡因的人来说，摄入可卡因（而且只能是可卡因）会让他们脑内引发一场多巴胺的风暴。而对于海洛因使用者，使用海洛因也会激发一样的效果。通过这种方式，你所服用的成瘾物质教会你的大脑更想要它。

被激活了这种欲望的大脑细胞，对其他奖赏的活性就会降低，因为它们已经选择了自己的主人。哪怕尝试用其他东西诱惑它们，它们也会无动于衷。接触过可卡因的奖赏机制渴望可卡因，而对家常菜、对美丽的落日毫无反应。一旦分子开关打开，所有成瘾的症状就会显示出来。你对那种奖赏的渴望会超出对所有其他事物的渴望，会不惜一切代价得到它，如果得不到还会出现戒断反应。于是形成这样的神经系统通路：从短期快乐（“这感觉不错！”），到稳定的渴望（“我想要它！”），到最终的依赖性（“我需要它！”）。

科学家们已经观察到了大脑内的这些变化，定期摄入可卡因、酒精和糖，会使大脑学会渴望这些物质。但是运动呢？答案很复杂。从某些角度来讲，运动与成瘾物质显然有共通之处。运动与成瘾物质都能刺激大脑释放很多神经化学物质，包括多巴胺、去甲肾上腺素、内源性大麻素和内啡肽。如果不断刺激的话，跑步也能触发成瘾的分子开关。在小白鼠身上进行的实验表明，每天跑 10 公里并持续一个月，对多巴胺能神经元的影响相当于每天注射一次可卡因或者吗啡。进行转轮运动的小白鼠还表现出了与人类成瘾相似的行为：如果连续24小时不让它们接触转轮，再次接触时它们会疯狂地跑步。

但是，运动与可卡因之类的药物有很大区别，其中一个就是时间。虽然在运动后和接触可卡因之类的药物后，大脑的奖赏机制产生了类似的变化，但是运动成瘾需要更长时间。对进行转轮运动的小白鼠来说，两周还不足以扳动分子开关，但六周后，它们每晚的跑步量都在增加，大脑也显示出了成瘾的神经迹象。同样，惯于久坐的成人在开始高强度运动一段时间后会表现出快乐情绪的增加，在六周左右到达峰值。一项关于健身馆新成员的研究表明，要建立新的运动习惯的最小“接触量”是每周四次，连续六周。这种习惯形成的延迟表明，在脑内分子水平上，运动与成瘾药物之间存在区别。成瘾药物能直接劫持奖赏机制并且迅速拿到控制权。运动似乎可以利用奖赏机制的能力，以一种循序渐进的方式从经验中学习。有位女性一辈子都在逃避体育运动，却在40多岁时突然爱上了跑步和骑单车，连她自己都大吃一惊。她对我说：“这种事是渐变的。有时候你自己都意识不到自己的变化。现在的我穿着跑鞋时最快乐。”

第一次尝试新运动时的感受，可能会和有了更多经验之后有所不同。对许多人来说，运动是后天习得的快乐。运动的快乐要随着身体和大脑逐渐适应后才能慢慢显现。曾有一个人，他一生都以为自己讨厌运动，却告诉我他在53岁时，下决心找私人教练改善自己的健康状态，帮他完成一项“12步”的康复计划。一开始他一周健身一次，三周后，他发现自己可以接受一周两次。有一天他健身结束，发现自己在微笑，当时他用“震惊”来形容这件事。“我意识到我不只是感到快乐，而是真的在享受健身的过程。我从未想过除了成瘾药物，还能有其他事物能给我这种快乐。”

对有些人来说，其实问题只是在合适的时机找到合适的运动形式，比如感到孤独的年轻单身母亲，觉得自己“唯一的身份就是母亲”，直到她加入一个休闲无挡板篮球队，找到了自己的朋友圈，发现了自己作为运动员的全新身份。对其他人来说，问题则在于找到适合他们身体状态的运动。一位40多岁才开始划船运动的女性对我说：“和我一同划船的很多女性都觉得自己不是当运动员的料，一旦上船，她们的身体表示接受，她们就找到了归属。”和在实验室里做转轮运动的小白鼠相比，人类心理要更为复杂一些。人类不仅会因为运动本身的感受得到奖励，也会从运动的意义中得到奖励。有一位女性在结束了一场充满虐待的婚姻后，开始去健身房。在被丈夫限制自由38年后，她发现再次来到公共场合、在跑步机上走路简直无比自由。用她自己的话说就是：“运动时我知道我是自由的。”

许多人都深信自己不喜欢任何运动，但我敢打赌，他们对运动的奖励绝无免疫力。很可能是他们还没有体验到足以让他们成为“运动人”的“剂量”，没有找对合适的运动类型或者群体而已。而当感觉、类型、地点和时机都合适时，即使从未接触过运动的人也会迷上运动。宾夕法尼亚州斯托的诺拉·海菲尔（Nora Haefele），直到 50 多岁才开始跑步。现在她已经年过六旬，完成了 200 多场比赛，其中包括 85 次半程马拉松。她在康涅狄格州的沃特伯里参加自己的第 75 次半程马拉松比赛时，举办方送了她一个惊喜：一个带翅膀的金色跑鞋奖杯，大理石的杯座上刻着她的名字。这个奖杯现在就放在她家客厅的桌子上，旁边是她摆满了比赛奖杯的架子。

海菲尔跑得并不快。“一般在比赛中，信号枪响后五分钟，我周围就没人了，一直到终点我都是一个人。”她说。她总是最后一个到达终点，但她发现最后到达的选手经常能得到最热烈的欢呼。“我不介意最后到达终点，因为这样其他人就不用当最后一名了。”她很为自己的坚韧而骄傲。在哈里斯堡举办的一次半程马拉松比赛上，全程大雨，地上的积水没过了脚踝，汽车都没办法上路。海菲尔仍是最后一个到达终点的选手，但她得了她所在年龄组的第一名，因为她所在的年龄组里的其他人都退出了。

海菲尔是一位税务会计，一开始她只是在办公室的跑步机上慢走，很快她就发现，室内运动不适合她。她开始寻找能让她走出小隔间的运动方式，这时她发现了国民运动，德语的意思是“属于人民的运动”。国民运动主要包括非竞赛性的竞走、徒步、单车、游泳和越野滑雪等运动。只要在指定的比赛时间段内，任何人都可以随时以自己的节奏加入某项运动，不仅可以欣赏风景，还有他人陪伴。

海菲尔开始参加美国各地的 10 公里步行活动，不但享受旅行，还享受着认识新朋友的乐趣。她第一次报名参加的比赛是步行 5 公里。“报名时，我特别害怕。”她回忆道，“我以为参赛选手都是人高马大、20 多岁的年轻人，他们肯定都要盯着我看，问那个又胖又老的女人来这里干什么。”让她开心的是，事实并非如此。大家都很欢迎她，比赛结束后她意识到：“我能做到。”

进行了多次训练后，她报名了亚拉巴马州伯明翰市的半程马拉松步行比赛，因为她“想试试那是什么感觉”。她很惊讶地发现她乐在其中，于是决定试试跑步。“有很多次，在比赛中走了 10 英里左右，我会想，我为什么会觉得这很有趣？这简直太可怕了。有时候，我又觉得满心欢喜。我感到自己很强壮，很有力量。我在完成某件事。当我接近终点时，我感觉非常棒。”当海菲尔完成了第 75 个半程马拉松之后，她决定把目标定为 100 个。“比赛就是我快乐的来源。61 岁的我，很荣幸能有这种感觉。”

当我问海菲尔赛跑有没有让她联想到别的什么，她毫不迟疑地回答：“教堂。这是我赞美世界的方式。我们都在赞美世界，在某种程度上，崇拜着我们被赐予的福祉，我们心怀感激。这让我想起了教堂的礼拜仪式。”停顿一下，她又补充道，“也很像狂欢。比赛之后，我总觉得我爱每个人，这感觉有时候能持续一整天。在回家路上，那个卖给我咖啡的便利店店员，我觉得‘我真爱他’。我从来没有用过那种药，但我想象得出，服用某些药之后的感觉就是这样：

感觉世界的一切都很完美，所有人都很美好。如果只要跑上 13 英里就能得到这种感受，那太值得了。”海菲尔正在戒酒，自 1988 年以来，她滴酒未沾。“运动现在就是我的药，”她跟我说，“运动能满足同样的需求，但这个方式要好得多。”

海菲尔从来没想到自己会对跑步上瘾。她出生于 1957 年，在 1972 年《教育法修正案第九条》颁布前上的学。这条法案要求学校向男生和女生提供平等的体育教育。“我以前一直觉得，‘运动不适合女孩’。如果高中时你跟我说，有一天我会参加跑步比赛，我肯定会觉得你疯了。我以为我本来就不该喜欢运动，那不是我该干的事。当时我也很胖，这就更让人忍不住想，那个世界不适合我，我不属于那里。”她说，“后来有一天，我想，去他的。我要尝试点儿什么。为什么要束缚自己呢？等到了 50 岁，就不会在乎别人的看法了。我不知道我为什么会因为自己是女孩而且很胖，就浪费了前半辈子的时间去介意别人认为我不该运动。”

现在海菲尔听到谁想试试步行 5 公里，但又担心无法完成或觉得这不是“属于自己的运动”时，她就会鼓励他们冒险试试看。“我会跟他们讲我第一次步行 5 公里的故事，告诉他们我当时有多害怕，告诉他们这件事真的改变了我的生活。如果可以，我会提出陪他们一起参加。”她说，“我喜欢引用约翰·宾汉姆（John Bingham）的话：‘奇迹，不是我做到了，而是我有勇气去开始。’第一次看到这句话，我的眼眶就湿润了。只要你能找到那一点儿能让你开始的勇气，一切都会不一样。”

诺拉·海菲尔只要开车经过自己跑过的终点，一种温暖、快乐的情绪就会传遍全身。她跟我说：“我会想起我完成比赛的那一天，当时的天气、我见到的人，还有我完成比赛的心情。”1976年，马拉松选手伊安·汤普森（Ian Thompson）在接受《纽约》（*New York*）杂志采访时说：“哪怕只是想到穿上跑鞋，就能感觉到身体传来那种运动的快乐。”海菲尔对终点的反应，以及汤普森提前感受到的跑步的快感，都暗示了成瘾和运动热情之间惊人的相似性——这种条件反射式兴奋被科学家叫作快乐之光。重复体验一种气味、声音、味道、图像或者触觉，并且十分享受时，这种感觉会被编码到你对愉快经历的记忆中，即使一开始是中性甚至不愉快，最终也会被大脑单方面解读为非常愉快。一旦这种联系被建立，普通的感官刺激就变成了快感炸弹，会引发内啡肽与多巴胺的爆炸性激增。比如，想象一下全国运动汽车竞赛协会的爱好者，在参加活动时，他们并不是忍受而是享受橡胶燃烧的味道；或者一个孩子的父母会烘焙，当这孩子长大后站在搅拌机旁，他仍会有安全感和被爱的感觉。

一旦药物成瘾，感官信号可能会激发强烈的渴求，甚至引发戒断反应。只要看到那种药物，或者闻到曾经熟悉的气味，就能触发用药的渴望。精神病学家本杰明·基辛（Benjamin Kissin）表示，曾经吸食海洛因的人在纽约州立监狱监禁五年后回到纽约市，在乘地铁路过以前的街区时，他也会立刻出现戒断反应。

健身爱好者也描述了自己对快乐之光和触发渴求的体验。与锻炼有关的感觉都很快乐，事物、地点，以及其他与所爱运动产生的联系，都会产生极强的运动欲望。当我问身边人的相关经历时，很多人提及气味：室内游泳池的氯气味道、刚修剪过的足球场草坪的味道，有位女士甚至提到她曾骑马的那个农场里肥料的味道。我以前的一位学员说那种气味是瑜伽课上瑜伽垫的味道，我问他那闻起来像什么，他说就像“塑料荷尔蒙”。这证明大脑乐意给任何东西打上快乐之光的标签。还有其他热爱锻炼的人从声音中获得满足感：沉重的哑铃在健身房中落地时的当啷声、打开网球罐的爆裂声，或者单车鞋与踏板相扣合的咔嗒声。快乐的来源甚至有可能是具体东西，有人说是最喜欢的一件跑步衫（“每当穿上这件衣服，我就觉得精神焕发”），或者瑜伽垫（“每当前一晚把瑜伽垫装进背包，第二天一整天都会很激动……每次碰到瑜伽垫都会感觉到那种兴奋”），还有心率监视器（“充电时，我就会很激动，事实上，就是现在想到这件事，我都觉得心怦怦直跳。每次拿在手上，我都有一种充满力量的感觉”）。对于从来没有迷上过任何运动的人，这些描述看起来肯定很奇怪。我自己也十分惊奇，因为运动者们居然对自己的快乐之光把握得如此准确。可这些例子确实也证明了运动奖赏机制是真实存在的。只有深层次的快乐，才能让大脑产生这样不可思议的骤变和联想。

我自己根深蒂固的与运动相关的预期性快乐，是往录像机中放入录像带时的感觉和声音。在我上三年级时，妈妈从跳蚤市场买回几盘健身操的录像带，于是我第一次知道了健身操。本来她是买给自己的，想着能锻炼一下，但她最终也没有实现这个计划。反倒是我爱上了这种伴着音乐起舞的运动。在健身课上或者操场上，我总是动作不协调、笨手笨脚的，看起来完全没有任何运动细胞。但这些视频里所需要的运动技巧，跟踢球或者往返跑没什么关系，只要踩着音乐节拍，模仿另一个人做动作就可以。跟着这些视频练习时，我发现了运动技能带来的兴奋感，这可比接不到球或不会在攀爬架上翻跟斗时的羞愧感好太多了。在做抬腿动作时，我觉得自己像祖父母带我和姐姐去纽约时看到的圣诞节奇观秀里跳踢踏舞的女孩们一样耀眼。

多年以后，在我成了心理学家后，我才知道能跟上节奏以及模仿别人做动作，都与共情能力有关。这些健身视频所激发的人格特质，让我能全情投入像《狼女朱莉》（*Julie of the Wolves*）这样的小说，也让我因担心联合国儿童基金会援助的贫困儿童而夜不能寐。健美操和有氧舞蹈让我得以探索我从未在操场上的竞技性运动中体验过的身体智慧。

这些年来，我收集了很多录像带，它们都堆在电视房的角落里。（一开始我最喜欢的是爵士乐健身操，一部分原因是教练会鼓励我们在跳舞和拉伸时跟着一起唱。）我保持着每天跳一次的习惯，一直坚持到高中。每次健身前，我都会翻一遍所有录像带，选定其中一盘后，再从盒子里取出来。把录像带插入录像机后，机器会发出让人心满意足的咔嗒声，然后是录像机提起盒式磁带的保护盖露出磁带的声音。在电视屏幕上出现联邦调查局版权侵犯警告的字样时，我的脑细胞中就已经充满了多巴胺。现在我已经没有录像机了，但只要把之前的录像带放在我手里，我的大脑肯定会回忆起那种快乐，我的心跳也会因为期待接下来的踏步而加速。

健身者的这种条件反射，和那些想要戒毒的吸毒者完全不同，大多数健身者都不会因为健身成瘾而引发内心冲突。他们喜欢这种由快乐之光点燃的渴望，享受熟悉的感觉点燃他们的欲望。这种感觉并不是被无法控制的、自我毁灭的冲动激活的。恰恰相反，对很多健身者来说，包裹着快乐之光的声音、气味，甚至物体，让他们想起了一段心怀感激的长期而健康的关系。我有一位朋友跟我描述他感受到的快乐之光时说："我在一家武术学院学习过 15 年，那里有一种很特殊的味道：一种混合着汗味、气垫的橡胶味和天知道还有什么的味道。其间我出去旅行过一些日子，再回到那里，我的身体反应就像是离家许久之后终于回来了一样。"他的话让我想起之前的一项研究，该研究认为，看到朋友的脸庞也会触发大脑的奖赏机制。那种多巴胺的爆发和快乐的冲击有助于巩固人们的友谊。也许健身者迷恋的那些感觉也是同一原理。最爱的 T 恤摩擦着皮肤的感觉，瑜伽垫散开、落在木地板上的声音，踏上篮球场时闻到的那种汗水和蜡混合的味道——这些都会加深人们运动时的快乐，加深我们和我们选择的运动之间的情感联系。

当我丈夫几年前决定训练铁人三项时，他开始阅读相关书籍，听相关播客介绍耐力型运动的知识。当他分享自己最喜欢的故事时，最引人注意的一点就是，很多故事的主人公都曾经对药物或酒精上瘾。也许对于这些人——比如把长跑的欣快感比作服用成瘾药物的人，健身就是一种物质成瘾。但我觉得还不仅如此，也许健身可以修复被物质成瘾损坏的神经。

如果让大脑产生渴求感是成瘾药物的唯一功能，那它们的破坏性倒还小些。它们真正的影响更具毁灭性，部分原因是成瘾药物会产生大量不自然的、让人感觉良好的化学物质，而这会触发大脑的自平衡机制。你的大脑会努力抵消药物的作用，维持大脑内化学物质水平的平衡。方式之一就是激活大脑的反奖赏机制，这可以抑制让人感觉良好的脑内化学物质。这种反奖赏机制一般会在大脑多巴胺或者内啡肽水平过高时被触发。大脑有缓解极度欣快感的倾向，就像拔掉浴缸的塞子防止水溢出。如果一个人不断地服用药物，经常触发反奖赏机制，那么这个机制在没有服药时也会保持活跃。如果大脑习惯了长期处于极度欣快的状态，就会提前抑制快乐，以保持自平衡状态，这会导致持续性的病理性心情恶劣。长期使用成瘾药物还会降低脑内的多巴胺水平，降低奖赏机制中多巴胺受体的活动能力。这两种变化都会让你感到缺乏动力、抑郁、孤僻、无法享受正常的快乐——这就是神经学家所谓的成瘾的黑暗面。

运动和物质滥用在长期影响上的最大区别在于，运动产生的多巴胺、内啡肽以及其他使人感觉良好的化学递质的峰值没有那么高。可卡因或者海洛因这样的药物，会给脑内奖赏机制带来猛烈的冲击，而运动仅仅是微弱的刺激，这就带来了完全不同的长期效果。对于规律性运动，大脑不会触发抑制奖赏的机制，而是进行鼓励。与成瘾物质完全相反的是，运动会带来更高水平的多巴胺，并提高多巴胺受体的活跃性。运动不但不会破坏人们感受愉快的能力，甚至还会起到促进作用。奖赏机制对非药物快乐（比如美食、社会关系、美丽的事物以及其他一些平凡的快乐）的敏感性，也许可以解释为什么运动能帮助人们从物质滥用中恢复。在对动物和人类的研究中，都发现运动能减少对大麻、尼古丁、酒精和吗啡的渴求。在一次随机实验中，让正接受冰毒成瘾治疗的成年人每周进行三次每次一小时的散步、慢跑和力量训练，八周后，在他们大脑的奖赏机制中，多巴胺受体的活跃度有所增加。

这样的研究表明，运动可以逆转反奖赏机制对大脑的控制，重新唤醒奖赏机制的部分功能。如此一来，相比成瘾药物，运动其实更像抗抑郁药物。这也是我能想到与运动对奖赏机制的作用最相似的类比：并非成瘾，而是持续的深部脑刺激术，这也是一种最有希望治愈抑郁的方法。在做深部脑刺激术前，神经外科医生得先在抑郁症患者的头骨上钻一个小孔，将一片电极插入患者的前脑束。电极与一个通过手术植入患者胸腔的脉冲发射器相连。发射器会持续发出低电压脉冲，刺激大脑的奖赏机制，其原理类似心脏起搏器控制患者心率。久而久之，深部脑刺激术会重塑奖赏机制，让它更加活跃，这种方法已经被证明可以治愈长期顽固型抑郁症。

对 25 份随机临床实验的结果进行元分析后发现，在确诊为重度抑郁症的群体中，运动带来了巨大且明显的抗抑郁疗效。另一份对 13 篇论文的综述——包括来自美国、英国、巴西、德国、挪威、丹麦、葡萄牙、意大利、西班牙和伊朗的研究——发现用运动配合抗抑郁药物，比单独服用抗抑郁药物疗效更佳。虽然运动以很多方式影响心情，但抗抑郁效果肯定是由于它对大脑奖赏机制的作用。我们可以将运动理解为自助式深部脑刺激术。运动时，身体会对大脑的奖赏中心产生低强度的刺激。

重新启动大脑的奖赏机制，对深受抑郁之苦和想要戒掉药物成瘾的人都有好处。我们的大脑会随着年龄增长发生改变，一个成年人每过 10 年，平均会失去奖赏机制中 13% 左右的多巴胺受体。这种损耗会导致每天的快乐感降低，但运动可以预防这种衰退。相比于不经常运动的同龄人，经常运动的老年人，其奖赏机制与青年人的奖赏机制更为相似。这可能是运动与快乐紧密联系的原因之一，而且，随着年龄增长，运动会降低人们患抑郁症的风险。或许这也能解释为什么年轻时逃避运动的人，会随着年龄的增长越来越渴望运动。运动能改变情绪的特性，这对一些人来说是一种令人上瘾的快乐，对另一些人来说则是强有力的药物。

1993年，小西奥多·加兰德——这位生物学家在25年后告诉《纽约客》(*The New Yorker*)，他梦想发明一种能激励人运动的药物——开始在白鼠身上进行选择性繁殖实验。一般的白鼠见到转轮就会进去跑，但是加兰德想培育出更爱运动的品种。初代白鼠平均每天跑4公里，通过只培育那些跑步量超过平均值的白鼠，加兰德实验室最终选择并强化了那些能激励白鼠增加跑步量的基因。到第15代时，白鼠每天的平均跑步量已达到了15公里（考虑到身高带来的差别，这个运动量相当于普通成年男性每天跑步168英里）。到了第29代，这些选育的白鼠——所谓的“超级跑手”——不仅跑步长度有所增加，跑步速度和频率也有所提高，并且休息次数减少。如果实验室助手锁上转轮，让它无法转动，白鼠会因为想要跑动而焦虑地在转轮内攀爬。

加兰德的实验成功了，但是他的团队利用了什么样的生物倾向呢？一个可能的解释是，解剖发现超级跑手的身体结构让跑步变得更容易。随着育种实验的推进，超级跑手确实开始显现出独特的生理特质，包括更对称的股骨和能量使用效率更高的肌肉细胞。但早期的超级跑手并没有这些特质，激励它们跑步的是其他因素。后来加兰德的团队发现，普通白鼠和超级跑手之间最明显的区别并不是肌肉或者骨架，而在于大脑，尤其是奖赏机制。超级跑手的中脑体积更大，奖赏机制的结构也更大。它们在基因表达和整个奖赏回路中的神经递质上也显示出了区别。这让超级跑手比普通白鼠更容易对跑步上瘾，较少的运动量就能扳动成瘾分子开关，它们很快就形成了对跑步的渴求和依赖性。这些白鼠生来就善于跑步，并不是因为身体结构适合，而是因为大脑适合。初代超级跑手并没有遗传到更强的运动能力，而是更强的享受运动的能力，只是通过连续的培育，超级跑手的生理结构才跟上了大脑的节奏，发展出能支持跑步欲望的生理特质。

读了加兰德的白鼠实验我不禁思考：现代人类是否就像超级跑手一样呢？自然选择就是一种选择性繁殖实验。一些科学家认为，随着人类物种的进化，我们逐渐演变出一组共享的基因组，这组基因意味着我们具备能够并且愿意奋发努力的生存优势。也许我们了解到的关于运动对人类大脑的影响——从跑步欣快感到对运动上瘾，还有经常运动的心理益处等——恰恰证明了不管有没有一柜子跑鞋，所有人类都继承了超级跑手基因。

但是，经常运动的人之间也存在着很明显的差异。有的人运动更多，是不是因为他们的大脑更容易对运动上瘾呢？有证据表明，对运动的喜好程度，至少部分是由遗传因素决定的。通过比较共同长大和分开长大的同卵双胞胎，科学家估算，人们在运动上的区别大概有 50% 是基因决定的。如果既考察运动量，又考察享受运动的程度，那么遗传因素的影响就降低到 12% ~ 37% 了。这和其他的心理特质相差无几，比如自尊心（22%）、移情（27%），还有对牙医的恐惧（30%），但远远低于基因对生理特质的影响，比如身高和鬈发（两个都是 80% 左右）。不过，这些数字还是说明，基因对人们热爱运动的程度是有影响的。事实上，近期进行的大规模、全基因组的研究发现了数十种能让人们更喜欢运动的基因变异。其中一些变异的 DNA 链位于影响新陈代谢的基因中，另一些位于与脑功能有关的基因中，还有一些仍然是个谜——科学家至今都不确定它们在塑造人类健康或者行为的过程中扮演着什么角色。

我一点儿都不擅长团队运动，在班里也总是跑步最慢的那一个。但我在 8 岁时疯狂地爱上了健身操，而且我很少能像教团体健身课那样快乐。我曾好奇：这种快乐是写在我基因中的吗？为了弄清楚这个问题，我从 23andMe 上订购了一个基因试剂盒，在试管中放入唾液，并寄到了处理中心。我拿到的标准版报告并没有告诉我任何科学家认为与运动习惯有关的 DNA 链的信息。当我点击“原始数据”时，我发现我能查看 23andMe 分析出来的所有基因型。于是我在搜索框中输入每个与身体活动相关的基因标识符，结果喜忧参半。那些与喜爱运动相关的基因，我大部分都有。我不知道该怎么解读这个结果。我本来希望能发现一份标有“天生适合运动”的基因图谱，但我意识到其实我并不知道那是什么样子的。与身体活动有关的基因变异其实很常见，而非罕见。由于运动对我们祖先的生存至关重要，所以这些基因变异已经保存在大多数人的基因里。

在进一步阐述前，我想先说明一下这种研究的巨大局限。行为遗传学是新兴领域，并未形成完整的体系。其研究方法在不断改进，早期发现也在被不断推翻。未来的研究也许能发现几百种塑造人类运动反应的基因，而且，影响因素也并非只有基因，还有许多心理、社会和环境因素影响着人类的运动，远比白鼠和转轮运动关系复杂。我也知道这点，但我还是觉得有必要研究清楚我的基因。我很确定我对运动的爱是与生俱来的。因为我还有一组数据，它让我长期以来深信我天生适合运动：我的同卵双胞胎妹妹简，她不仅与我基因相同，还和我一样热爱运动。

在小时候的照片里，如果我们不说出来，谁都无法区分我们——我总是看起来马上要哭的样子，而我妹妹总是看起来像在思考着什么控制世界的邪恶计划。成年后的我们也有很多相像的地方。提到血，我们都会下意识地触摸喉咙；我们都很爱甜食，连打葡萄糖吊瓶都会很开心。我们现在都住在旧金山湾区，虽然我们都是在新泽西州的郊区长大的；而且我们都嫁给了 22 岁时开始交往的男人。我们的职业是科研人员和作家，职业路线十分相似，经常有人跟我说他们很喜欢我的作品，之后才发现说的是我妹妹。我们都有长期运动的习惯，运动在我们的生活中和吃饭睡觉一样重要。简是长跑运动员，她一周的跑步量为 25~40 英里。她基本上每年参加 12 场比赛，包括半程或全程马拉松。每当接近她最喜欢的跑步路线时，她就会说："我感觉自己像在马厩里关了一周的马，坐立不安地用前蹄蹭着地，想赶紧飞奔出去。甚至坐着出租车路过中心公园时，我都想跳出去跑上一圈。"

我得承认，我一直无法理解她对跑步的热情，因为我从未感受过。我对团体健身的热情，对她来说也一直是个谜。"我不知道你要怎么提高自己。"她说她完全不理解我为什么能在一件无法取得进步的事上投入这么多时间。"不需要进步，"我回答，"只要享受过程就好。"但我们对自己喜欢的活动确实都很投入。在旅行中，她会刻意寻找跑步路线和比赛信息，我则会关注最适合参加团体健身课的地点。节假日和其他特别的日子里，她会和丈夫还有女儿们参加 5 公里比赛或者半程马拉松，而我则会去给社区舞蹈班上课。运动是我们庆祝生活的方式，这是我们最像"双胞胎"的一点。有了这些活生生的证据，我再次求助于论文，想搞清楚还有没有什么遗传特质，使某些人更容易对运动上瘾。结果真的存在，我和我妹妹就是证据：我们的遗传倾向更容易体验运动带来的心理益处。

科学家已经在多个基因上发现了若干条 DNA 链，这些 DNA 链与运动所带来的抗抑郁和缓解焦虑的效果有关。拥有这些基因的人，更容易从定期锻炼中获益。比如，只要每天锻炼 20 分钟以上，他们患抑郁和自杀的风险就会降低。我在自己的 23andMe 数据文件里搜索这些基因时，发现这些基因我和妹妹全都有。我为这些结果而雀跃不已。不管这个领域的研究有多么不成熟，我还是因为这个结果而激动。有一种可能是，我们的基因里布满了核苷酸，这使得身体活动对我们的精神健康尤为重要。

当我告诉妹妹我的发现后，她回复短信说："我的天！太神奇了！"确实如此。运动不仅有益于心理健康，而且我们的身体和大脑分别引导我们去做我们都需要的事情。近年来这个现象在我妹妹身上尤为明显，因为在我们刚过 30 岁时，她因为一次创伤性脑损伤，一直在与抑郁和自杀抗争。跑步成了她改善心理健康最有效也是最可靠的方式。"我确定，跑步就是我的抗抑郁药物。"我妹妹说，"如果某段时间我因为生病或者受伤而无法跑步，等那段时间一过，我一迈开步子，马上就会感觉乌云消散、阳光普照，我又变成一个真正的人了。"

我也有同感，只不过我用运动对抗的是焦虑。我一直有过度忧虑的倾向。我父母总认为这只是敏感、害羞，其实对儿时的我来说，更准确的描述是害怕。我总是那个哀求着不要坐过山车的孩子，那个数学考试和生日会前紧张到肚子疼的孩子，那个不安地计算家里囤多少童子军饼干能挨过核灾难的孩子（当时是 20 世纪 80 年代初期）。我想不出这种性格源于哪里，来自什么童年经历。我所能想到的就是：我生来如此。我的大脑总是充满消极的想法，而且还很容易被它们弄得不知所措。如果非要推断由我的生理本能决定的心理状态，我会说它应该在“高度警惕”和“极度恐惧”之间。

关于慢性忧虑有一个理论认为，像我这样的人，大脑里有一个过度活跃的恐惧回路，它不是被某些特定事物激活的，而是像持续性的背景噪声在一直说着：有什么事不对劲，有什么事不对劲。这个回路的极度活跃会导致一种模糊的焦虑感，然后凭借想象力去弄清楚我们到底在担忧什么。我不能确定我的大脑是不是这样，但它符合我对我内心世界的观察。毋庸置疑的是，运动是目前为止我发现的最有效的解药。一次简单的运动就能立刻减缓焦虑，减少思维反刍，而长期运动的效果尤为明显。2017 年，一份关于运动干预的元分析发现，运动对治疗焦虑很有效。

我 8 岁时第一次发现健身课对情绪会产生影响，当时还没有今天这么多常见的抗焦虑和抗抑郁处方药。当时的孩子不怎么去看心理医生，在心理健康方面也得不到什么专业指导。事实上，我觉得恐怕没有人觉得我的心理有什么需要调整的地方。不知怎么，我偶然发现了一些东西，而这些东西帮助我处理了我与生俱来的性格倾向。这个发现让我振奋。我感觉自己很幸运，虽然我天生不适合当运动员，虽然我在双亲都不健身也非运动员的家庭长大，但我的大脑依然帮我找到了我所需要的帮助。也许我不是一个传统意义上的超级跑手，但是这些研究让我意识到，“天生适合运动”不止一种意思。我有每天锻炼的习惯，它最重要的作用不是帮我平静下来，而是鼓励我更有勇气，而这正是治疗我的焦虑的良方。坚持运动让我成为更好的自己，因此，我很感激自己对运动上了瘾。

我大学毕业的那年夏天，作为给自己的毕业礼物，我加入了一个健身俱乐部。去那里的第一周，俱乐部举行了一次联谊会。会上还设立了一个转盘抽奖环节，奖品包括水杯和健身体验卡。现场有一位脊椎按摩师为会员提供体态分析，还有一位占卜师在负重训练房的角落给人占卜。我很好奇在负重训练房做完卧推之后，占卜师会给出什么建议，于是请她为我占卜。占卜师看了我一眼，然后告诉我应该试试有氧搏击操。也许她能看出来，我连血管里都充满了焦虑，又或者我把焦虑很清楚地写在了脸上。当时我一个人住在一间小公寓里，而在那之前的一年，我的包里总是装着胡椒喷雾，下班回家的路上也会一直紧紧握住钥匙。我不觉得指引我去上有氧搏击操课的女人有多神奇，但她的意见真的很好。这些课程改变了我。暑假结束时，我学会了怎么出勾拳、上勾拳和直拳。我以前紧张时，双手总是紧紧握拳，但和出拳时握紧拳头的感觉是完全不一样的。直到今天，还没有其他什么运动能让我觉得更有力量。

现在我渐渐相信了一件事：并不是只有带来快感的时候，运动才会让人上瘾。我认为大脑能感受到你的顽强，而且，运动对大脑的另一个可预见的改变是带来勇气。新的运动习惯在增强奖赏机制的同时，也会影响大脑控制焦虑的区域。在对白鼠进行的实验中，21 天的转轮运动改变了它们的脑干和前额叶皮层——大脑控制恐惧与压力的两个区域，白鼠变得更加勇敢，更能应对高压情境。而对人类来说，每周运动三次，坚持六周后，就能增强大脑中缓解焦虑部分的神经连接。长期运动还能调整神经系统的默认状态，让它更加平衡，减少战斗、逃跑或者害怕的倾向。最新的研究甚至提出运动的新陈代谢副产品——乳酸——可能对人的心理健康有积极影响，虽然它常被误认为是肌肉酸痛的罪魁祸首。肌肉释放乳酸后，乳酸通过血液循环进入大脑，改变你的神经化学递质，从而减少焦虑，防止抑郁。我总觉得 20 年前的那个夏天，当我爱上有氧搏击操时，甚至是当我第一次把健身课的录像带插入录像机时，我的大脑就知道我正要发生积极的变化了。我的 DNA 深处有一段基因认出了这是个好东西，然后说：是的，谢谢，请继续。

在麦迪逊市威斯康星大学实验室的一次实验中，研究员想要捕捉白鼠爱上转轮运动后却无法运动时的大脑活动。小白鼠的晚间跑步开始前，科研人员拿走了转轮。准备好运动的小白鼠此时没办法运动，就像你心潮澎湃地去了健身房，却发现门锁灯关。在欲望受挫的那个时刻，小白鼠成了牺牲品。科研人员将小白鼠的大脑切片，并将大脑灰质染色以便研究。在显微镜下，他们观察到的脑内化学物质表明，这只老鼠在死亡时曾处于高度渴求的状态。大脑中负责处理欲望、动机、挫败感的区域，甚至跑步的生理激发区域都处于被激活的状态。这很像老烟枪想抽烟却不被允许时的表现，你也可以把它简单地比作想家的孩子思念母亲，或者遗孀盯着空下来的半边床时的感受。

“成瘾”（addict）这个词，源于拉丁语 addictus，有“投入”和“束缚于……”的意思。有神经学家提出，也许所有投入——爱人之间，或者养育者和孩子之间——都是一种成瘾关系。他们指出这与爱慕和依赖这两种感情非常相似。心碎的少年看到心爱之人的照片，他们的大脑会立刻转换到类似烟瘾者渴求香烟时的状态。母亲凝视着自己的孩子，她大脑中的奖赏机制会被激活，进入类似药物兴奋的精神状态。婴儿皮肤的味道会触发一种类似饥饿的神经反应。[关于这项研究，我最喜欢的标题之一来自《澳大利亚每日邮报》（*Daily Mail Australia*），它向读者展示：身为母亲，看见孩子，就有饥饿的冲动。]

然而，用物质依赖形容爱，很容易让人产生消极的联想。一篇研究论文用“戒断反应”来形容思念爱人，用“复吸”来形容对团聚的渴望。这些分析让人觉得奖赏机制的主要功能就是让人上瘾，而任何借助这个机制的事，也不过是在利用这个能力。从进化的角度来讲，这完全没有道理。可卡因并不是奖赏机制存在的原因，只是可卡因对奖赏机制的刺激性恰好很高而已。而且，奖赏机制相当古老，对所有物种来说，多巴胺驱动的行为都对生存至关重要，包括饮食、交配、养育。奖赏机制的主要功能不是让我们对有害物质产生依赖性，而是促使我们趋近对我们有益的事。

对人类来说，这也包括与他人亲近。当你爱上一个人或者成为养育者时，奖赏机制会帮助你形成强烈的爱意，好让你们在一起形成依恋关系。通过再现你和所爱之人在一起时体验到的快乐，你才会喜欢、渴望和需要这些人际关系。你开始愿意做出牺牲来维持这些关系。当你们分离时，你会渴望重聚。这不是破坏性的依赖，而是关于奉献的神经机制。科学家将大脑的反应比作上瘾，因为它也是一种牢固的联系。母亲看到自己的孩子时，脑内会掀起多巴胺风暴，这会驱动她与孩子产生情感联系并抚慰孩子。在看到他人长期幸福的婚姻生活后，你在看到你的配偶时多巴胺也会激增，因为你把他人的幸福视为你自己的幸福。而寡妇或鳏夫在悲痛中看到伴侣的照片时，对爱人的渴望也会触发奖赏机制。

也许将奉献，而非成瘾，视为奖赏机制的首要功能才更准确些。也许运动正是启动了大脑的这部分功能。从这个角度来看，我们能上瘾其实反映了我们有产生依恋的倾向。运动并非另一种形式的成瘾药物，它只是利用了我们建立情感纽带的能力，帮我们维持最重要的人际关系。正如我们所见，运动不会像成瘾药物那样破坏奖赏机制。我们越来越清楚的一点是，运动对我们大脑的影响更类似于养育孩子或者陷入爱河。比如，新生儿父母奖赏机制中的大脑灰质，在最初几个月的看护期，显示出增长的趋势。这个部分增长越多，父母越趋向于用“美丽、完美、自己很幸运”这种话来形容自己的孩子。神经系统出现的这种变化——奖赏机制的增长——很像人们建立运动习惯的过程。而最终的结果，也与人类建立亲密关系的体验毫无二致。通过利用大脑产生爱的能力，规律运动能帮助我们愉快地投入一段能丰富生活、提升幸福感的人际关系中。

THE
JOY OF
MOVEMENT

03

自我意识的拓展：

在团体运动下跨越自我

参与集体活动能带来诸多好处，体力运动能振奋我们的心情，而社群可以激励我们的士气，突然，我们觉得仍有机会赢得这场战争。这也在提醒我们，有人在和我们一起承担我们的痛苦。

“在遭受痛苦时，你会觉得只有你一个人。而看到人们聚在一起，你就会想起有人在和你并肩战斗。”

在加拿大最古老的赛艇俱乐部，女子专业赛艇队会在下班后一起训练。她们的团队合作训练从陆地开始。女子队员们会在肩上扛着一条八座的赛艇，前往加拿大地盾的渥太华河河边。在她们扛着赛艇从船坞走到水里时，腐烂的木头、环氧黏合剂和旧运动器材的味道被清新的空气和森林树木的清香所取代。

桨手面朝后坐在赛艇里，向上游划去，她们看不到前进的方向。她们要靠坐在船尾的舵手掌控方向。她们需要依赖自己对风向、赛艇、水流和队友的判断。在赛艇上，只有舵手能发言。所有桨手都动作一致地划着自己的桨，桨整齐地在水面上下翻飞。随着每一次整齐的划桨，赛艇都会被八柄木桨抬起，向前跃去。滑翔的那一瞬间，能听到船底有水声疾驰而过——那种声音令人心旷神怡，队员们管它叫“赛艇可卡因”。为了完成这个动作，桨手们的动作必须完全一致。节奏上出现任何停顿，划桨的反作用力都会干扰赛艇飞跃水面的流畅性。

“这是绝对的协调。”这支50多人的女子赛艇队成员金伯利·索格（Kimberly Sogge）说，“每个人都要感受队友的动作，感受水流，到最后你的感官界限会变得模糊，因为我们共同组成了一个更大的存在体。不仅是队员，水流也是它的一部分。”有时候队员们会在训练中途把赛艇停在水面上，环顾四周，呼吸、聆听。索格很享受这个时刻。“阳光让水天的界限模糊，我们人类的身份似乎也模糊了，这就是极乐世界。我觉得这就是天堂。”

索格所描述的感觉并非赛艇运动独有，不论何时何地，只要人们聚集在一起进行步调一致的运动都有可能出现：行军或游行、在舞蹈班和夜总会上、在人行道上跳绳或在公园里练太极、在教堂里舞动和歌唱。1912 年，法国社会学家爱米尔·杜尔凯姆（Émile Durkheim）提出了所谓的集体欢腾（collective effervescence）的概念，用以描述在集体进行仪式、祈祷或者工作时，产生的超越自我、极致愉悦的感受。杜尔凯姆相信这些活动能帮助个人感受到自己与他人的联系，以及与超越自己的某种更大的事物联系在一起。我们渴望这种联结的感觉，而同步运动就是体验这种感受的一个强有力的方式。

集体欢腾的乐趣有助于解释为什么健身伙伴和运动团队让人有家的感觉，为什么包括身体运动在内的社会活动能让团队更加团结、充满希望，为什么在和他人一起散步、跑步或者骑单车时会觉得充满力量。和跑步时的欣快感一样，我们体验集体欢腾的能力，是根植于我们需要合作生存下去的本能。让人们在行动一致时感到愉悦的神经化学递质，也能让陌生人之间产生情感联系，建立信任。这就是为什么统一行动是人类团结在一起的方式之一。集体行为会提醒我们，我们是集体的一部分；而和团队一起运动，提醒着我们属于这个团体。

亚马孙河河口有座巴西小岛，名字叫作马拉若（Marajó）。在马拉若岛上，有一个叫作苏雷（Soure）的小村庄。此刻，心理学研究生布朗温·塔尔（Bronwyn Tarr）正摸黑躺在一个家庭旅馆的蚊帐里，浑身大汗。她已经筋疲力尽，却因为时差而无法入睡。透过薄薄的墙壁，她能听到研究助理在隔壁打蚊子。塔尔还能听到远处不知道哪里传来的鼓声。出于好奇她下了床，在腰间裹上一条纱笼，拿起手电筒，跟着鼓声，走上了一条尘土飞扬、坑坑洼洼的小路。她能闻到肉香和两旁树上杧果的香味，但外面好像没有其他外人。她只遇到了被杧果香味吸引来的散步的水牛。

走了一会儿，她来到一幢亮着灯的小屋前。门窗都开着，有音乐传出来。塔尔只会用葡萄牙语说“你好”，她在大门旁边犹豫着要不要进去。一个年轻人看到了她，微笑着示意她进去。屋里有少年，也有成年人，他们一起跳着卡林博舞——岛上的传统舞蹈。现场有鼓声、长笛声和吉他伴奏，女孩子们成双结对，拉着自己的裙摆转着圈。有一个女人看到塔尔站在一旁，就揽过她的腰，带她进了舞池。塔尔努力跟着节奏，模仿着女孩们的动作。歌曲结束时，她的舞伴向她鞠躬致谢。她们不介意塔尔是外来的，也不介意她语言不通。塔尔感觉自己属于那里，她又留下来跳了几个小时的舞。

对塔尔来说，这种欢迎仪式简直再理想不过了。她和研究助理去马拉若岛就是要研究舞蹈是怎么把人类联系在一起的。人们总说在跳舞时感受到了团结和超越自我的感觉，她对这点尤为感兴趣。当我问塔尔她会如何对从未体验过这种感受的人形容它时，她觉得很难找到合适的语言表达。她选择用身体语言来表达，她做了个手势，把手掌向上对着天空，抬头仰望。“它的中心在这里，”她说着，把手放在自己的胸口——心脏上方，“内心觉得很辽阔，你作为个体的界限已经模糊了。”

这种被现代研究者称为“集体欢腾”的感觉，正是我爱上集体健身的原因。在集体课上，无论是作为老师还是学生，我都体验过这种快乐。塔尔说得对，这种感觉很难形容。我见过最贴切的描述，并非来自心理学家或者舞者，而是一位来自英国的人类学家——A.R. 拉德克利夫 - 布朗（A.R.Radcliffe-Brown），在 20 世纪初期，他花了很多时间观察印度东部孟加拉湾安达曼群岛的土著居民。岛上的居民经常进行舞蹈仪式，其中最让拉德克利夫 - 布朗震撼的就是这些仪式对人的心理的影响：

当舞者忘我地舞蹈着，与群体融为一体时，他就会达到一种极致愉悦的状态。在这种状态中，他会觉得自己充满了能量，完全超过了正常的状态，甚至能做到超出自己能力水平的事。人们常常管这种状态叫陶醉感，它通常还伴随着一种自尊心提高的愉悦感，舞者会感到自己的个人力量和价值大大增加。与此同时，他们体会到了自己与群体其他成员那种令人心醉神迷的无比融合的感觉，对他们的亲切感和依恋之情也大大增加。

拉德克利夫－布朗还发现了这些仪式的一个特性，而布朗温·塔尔等心理学家认为这可能是产生集体快乐的关键：同步性（synchrony）。安达曼人的舞蹈中，所有人都会踩着同样的节拍踏出同样的舞步，而这个节奏是一个男人在旁边踏着共鸣板踩出的。即使舞者需要休息，他也会反复做着抬腿后落下的动作，保持着节奏。

在马拉若岛上时，塔尔为了弄清楚音乐、群舞和同步运动对心理的影响，与当地的高中生一起做了一个实验。学生们组成小组配合着音乐跳舞。有些实验组被要求步调一致地表演，另外一些组则没有这样的要求。结束后，相比于一起跳舞但动作不需要同步的小组，按统一节拍跳舞的学生感觉自己和同组的其他人建立的感情要更深。当塔尔回到英国后，她又用静音迪斯科的形式多次重复了这个实验，参与者按照耳机里的音乐节奏跳舞。实验再次证明，舞步一致的参与者觉得与自己同舞的陌生人更亲近些。音乐和肢体动作在集体快乐中发挥着重要作用，同步性是其中最重要的部分。

塔尔知道内啡肽——大脑的自然止痛剂——能产生快乐，也能让陌生人之间产生情感联结，所以她同时也测试了舞者对痛苦的忍耐力。（方式是给参与者的上臂戴上血压仪，不断加压直到参与者无法忍受。我很怀疑这个方式是不是真的能产生痛苦，所以我在网上订购了一个血压仪，亲身体验了一下，之后我就不怀疑了。）结果证明，步调一致的舞者们对痛苦的忍受力要更高。当塔尔给舞者们注射了 100 毫升阻碍内啡肽分泌的药物——纳曲酮，同步运动并没有提高他们忍受痛苦的能力。这个发现验证了内啡肽的确是产生集体快乐的原因之一。

我们一般认为，高强度的运动才能带来内啡肽激增，但塔尔发现，低强度的同步运动，哪怕只是坐着做一些小幅运动，也能提高疼痛忍受力，并增进陌生人之间的亲密度。有一个地方可以让你体验到这种感觉，那就是瑜伽课堂，参与者的运动及呼吸都要同步。呼吸变成了调节动作流动的节拍，而团队的统一呼气和吸气的声音，则是一种很积极的反馈。研究表明，和跳舞一样，瑜伽能建立社会联结。在一次实验中，一起练习瑜伽的陌生人反馈说，他们在一同练习的队员间感受到了联结和信任。之后当那个团队玩经济博弈游戏时，他们之间的合作比较少同步的实验组要多。

多年来，我一直在教授团体瑜伽课程，我还清楚地记得它所带来的那种亲密无间感。2001 年 9 月 12 日，在去定期瑜伽课的路上，我一直都在想会不会有人来上课，也许大家都被前一天的事搞得晕头转向，不想来了。但学员们都按时到了教室，铺好了瑜伽垫。大家都比之前安静了许多。有一位女士用放松的姿势躺在瑜伽垫上，一整节课都没有做其他动作。我带着大家完成了一套很熟悉的动作，这套动作我们每周都练习，已经坚持好几个月了。我尽量少说话，希望我们的集体肌肉记忆能带我们渡过难关。我们一起运动，一起呼吸，先完成拜日式，接着是站立体式。在我们保持每个姿势时，我听到自己一遍又一遍地说“吸气，呼气”。同步的姿势和呼吸再次施展了魔力，但那天大家分泌的内啡肽扮演了不同的角色。它并没有带来欣喜，而是带来了宽慰。整整 90 分钟，我们没有崩溃；整整 90 分钟，没有人是孤独的。这是集体快乐的另一种形式——宽慰感。我们作为个人感觉到的任何恐惧、困惑或者悲伤，都被某种更大的事物承载着，而在这个空间中，我们就有了呼吸的余地。

在试着描述集体快乐时，心理学家布朗温·塔尔强调自我与他人融合的感觉：“你作为个体的界限变得模糊了。”金伯利·索格也用同样的话描述和她的团队在渥太华河上划赛艇的体验：“我们节奏一致时，彼此的界限仿佛都消失了。”界限消失的感觉是集体快乐影响力最强的一个方面。这不是一种概念上的联结，而是一种身体感觉的联结。大脑被某种方式所欺骗，把你的身体理解为某种它可以感知到的更大事物的一部分。

塔尔很喜欢通过一个叫橡胶手错觉的心理技巧来解释为什么同步运动能产生这种效果。想象你自己坐在桌旁休息，双臂放在桌上。一位实验者藏起你的右臂，用一只橡胶手臂代替。当你低头看时，你会看到你自己的左臂，而自己右臂的地方放着一只橡胶手臂。接着，实验者当着你的面用画笔戳橡胶手臂，同时会真的用画笔触碰那条你看不见但能感觉到的右臂。你的大脑会同时接收到这两种感觉：你真实的右臂上传来被画笔触碰的感觉，以及画笔戳刺橡胶手臂的画面感。当这两种感觉同时到达你的感觉皮层，你就会产生橡胶手臂真的是你身体一部分的错觉。虽然理智上你知道这不是真的，你还是会看着橡胶手臂想：它就是我的一部分。而且不只是这么想，你还能感觉到。这种错觉是如此强烈，以至于如果实验者拿起一把剪刀刺向橡胶手臂，你会尖叫着离开桌子。

这也是同步运动的运作原理，它创造了群体一致的感觉。随着你的动作，你的大脑接收到自肌肉、关节和内耳传来的对动作的反馈。与此同时，你看到别人在做一样的动作。当这些输入信号同时到达时，大脑就会将这些感知融合在一起。你看到的别人做的动作和你感受到的自己的动作联系在一起，你的大脑就会把他人的身体视为你身体的延伸。大脑将这些感官流整合得越好，你就越觉得和那些一同运动的人联系紧密。神经学家，同时也是一位舞者的阿萨夫·巴克拉克（Asaf Bachrach）称它为动觉归属感。这种现象甚至能延伸到运动器械上，一位划艇运动员告诉我，她觉得皮艇已经是她额外的肢体了。一个水手也对自己的帆船有这样的感觉，并总结说这就是人们深爱自己的船的原因。

将自己视为集体的一部分，这种认知会改变我们对个人空间的感受，也就是身体周围属于自己的空间感受。当一个人的自我感知转移到其他物体（比如橡胶手臂）或者一个更大的群体时，个体的个人空间感也会转移。当布朗温·塔尔说集体快乐的本质是自我意识的扩展时，这种感觉就是她所描述的一部分。此外，你对属于你的世界的理解也会扩展。这种感觉可以被解释为自信和社交自如。你可以带着归属感离开舞会或者团体运动班，因为你知道自己有权利在这个世界上占有一席之地。

我 22 岁时就已经多次深刻地体会到，成为团体运动教练对我来说是多么幸运的一件事。教团体运动是第一个让我觉得如此放松和被接纳的工作。每天上课时，我都能轻松地走进房间，和一些真正乐于见到我的人打招呼。来上课的人对我如此喜爱，就像喜爱自己一样，这是我从未体会过的感受。我在学校或者街上偶遇他们时，他们会对我微笑。去机场或者搬新家时，他们会送我一程，或者帮我搬家。他们会给我讲他们的故事，与我分享他们的进步。教团体运动让我一次次体会被欢迎的感觉。我简直无法用语言形容这是多么非凡的一种幸福。那种归属感渗透到我生活的方方面面，缓解了我的社交恐惧和在压力下自我孤立的倾向。

多年之后我才学到相关的神经科学知识，解释了为什么我的学员们能看到我最闪光的地方。你带着别人一起运动时，会创建一种团体层面的信任，但是所有基于同步运动建立起来的联结，最终都只有一个人受益——作为教练的你。房间里的所有人都在观察着你，与你同步。学员们花在模仿我的动作上的时间，让他们感到——在他们的身体里——他们可以信任我。这种信任，在某种程度上，我是不劳而获的。我无意中利用了建立关系的捷径。学员们对我的信任确实影响了我。研究社会关系的科学家已经发现，信任是一种自我实现的预言。被认为可信任的人，通常会做出更慷慨、可靠的行为。而这些行为又会进一步成为他们可信的证据，所以人们也就更加信任他们。

在我人生中重要的定型期，仅仅因为我带领一个团队在做统一的动作，我就刚好拥有了这种社会信任的良性循环。我相信这件事塑造了今天的我。有人用积极的眼光看待你，你也就倾向于满足这种期待，就像得到了做最好的自己的许可。这些年来，我成功地变成了学员们眼里的我：一个真心关爱他们和我们这个大家庭的人，一个乐意为集体付出的人。这些特质已经成了我的一部分，也是吸引我参加团体运动的部分原因。然而，如果我没有做教练，这些特质还会有同样的发展空间吗？如果我没有从学生对我的积极反应中获益，我还会不会成为一个能看到别人优点的人呢？作为集体快乐的受益人，这真的是不可多得的好机遇。我希望每个人都能有这种体验。

2016 年 3 月，混合健身训练公司的所有者布兰登·伯杰龙（Brandon Bergeron）收到通知，说他在加州草谷租用的健身房的地产被卖掉了。他需要立刻清空该场区。伯杰龙走投无路，只能通知他的会员们，这些会员因为常在一起举重、蹲起、挥洒汗水而已经像个大家庭了。他们找来三辆大卡车和一个搬家公司，一起来帮伯杰龙。伯杰龙在当地报纸《公会报》（*The Union*）的采访中说道："一家用了三年建好的健身房，在八个小时内清空，连一颗螺丝钉都没留下。"两个月后，他找到新地方开店时，他的大家庭再次出现，帮他重建了健身房。

除了人类学家 A.R. 拉德克利夫 – 布朗所揭示的兴高采烈、极度和谐、情感联系，集体愉悦的另一个意外作用就是合作。因为同步运动会提升信任感，它鼓励我们分享并互助。研究表明，齐步走、敲击同一节拍，哪怕只是同步移动一个塑料杯的人，在经济博弈游戏中也会合作得更好，会为了大局做出更多牺牲，而且也更倾向于帮助陌生人。甚至婴儿也表现出了这种趋势。当一群 14 个月大的婴儿和一个实验者随着音乐同步跳动之后，他们帮助实验者捡起掉在地上的马克笔的概率会增大。从某种基础且原始的层面来说，当我们一起运动时，我们的命运也会联系在一起，我们会为和我们一起运动的人的幸福付出。

人类学家相信，这也许是集体快乐最重要的功能：加强了鼓励合作的社会联系。有人将之与黑猩猩、狒狒和大猩猩的理毛联系在一起，它们会给同类抓跳蚤，清理脏东西，梳理打结的毛发。这种打理并非为了卫生或者美貌，而是一种情感联结的方式。这种社交性触摸会引发内啡肽的激增，加强动物之间的情感联结，从而结成真正的同盟。替同类理毛的灵长类动物，更倾向于分享食物以及在冲突中保护同类。

内啡肽在加强与我们没有联系的个体之间的感情上，效果尤为显著。这个现象不仅在其他灵长类动物身上能看到，在人类身上尤为明显。与他人在一起时，反复接受内啡肽的刺激，能将家族扩大。我们人类有属于自己的“相互理毛”的方式，其中包括一起欢笑、歌唱、舞蹈和讲故事。（人类学家认为这些社会行为很可能也是以这个顺序依次出现的。）这些活动都会释放内啡肽，而且因为你能同时和许多人一起笑、唱歌、舞蹈和讲故事，这些集体“理毛”行为，能让我们在短时间内建立更大的社交网络。这是件好事，因为人类的社交网络范围更大、更多样化，发展得也会更好。

综观各种文化，大多数人的社交网络都能用五个不断扩大的社交圈来描述。第一个是最内层的圈，通常只有一个人在里面，那就是最重要的人生伴侣。第二圈包括亲密的家人和朋友，平均有五人。他们是那些你出了事会为你伤心、会做出巨大牺牲来帮助你的人。接下来是核心朋友圈，平均有十五人，他们在你的生活中扮演着重要角色。你会邀请这些人参加重要的聚会，也会在你有需要时开口向他们求助。下一个圈里一般有五十人左右，这些是你称为朋友却并没有那么亲密的人。最外层的圈有一百五十人左右，你和他们以很偶然的方式在工作、当地的社区、所在的组织或某项活动中认识。

不管是同步运动、歌唱还是分享欢乐，最可能通过这种“社交理毛”的集体快乐而扩大和加强的是最外两圈。而这两层朋友圈在得到增长时，则会以细微但很有意义的方式，提供让我们能继续前进的社会支持。渥太华赛艇俱乐部的金伯利·索格告诉我，赛艇运动员在赛艇上相互协调的方式，使得她们形成一个安静、高效又互相关爱的集体。“如果我们中有人遇到麻烦，就像在划船时一样，你不需要说出来，信息会以某种方式传递出来，大家就开始默默地帮忙。农民会带来蜂蜜和蔬菜。大家真的会相互关心，而你需要的东西也会自然地出现。”

爱米尔·杜尔凯姆相信，宗教活动中体验到的集体欢腾是教堂的核心社会功能之一，它有助于打造更投入团体生活的社群。现代宗教学者发现，健身社群对很多人来说扮演了类似的角色。卡斯帕·塔·库伊尔（Casper ter Kuile）和安吉·瑟斯顿（Angie Thurston）是哈佛神学院的研究人员，二人仔细研究了美国全国的混合健身训练健身房。他们得出的结论是，当地人称为“健身房”的地方，其实承担着类似社区中心的功能，很像人们做礼拜的地方，在这里，人们会互相照顾。混合健身训练的长期会员会互相陪伴去就诊，哪位会员的伴侣或近亲生病了，其他人会为其送饭，甚至为需要的会员募捐，帮他们找工作。

卡洛琳·科尔（Caroline Kohles）就给我讲过这样一个故事，她是曼哈顿的玛琳·迈耶森（Marlene Meyerson）犹太社区中心运动健身部的高级主管。科尔教的是尼娅（Nia）——一种结合了舞蹈、武术和瑜伽的运动。科尔有一位长期学习尼娅的学生苏珊（Susan），她最近刚刚失去了丈夫亨利（Henry），他们的婚姻持续了 55 年。苏珊决定尊重亨利的遗愿，不举办任何形式的葬礼、仪式或者悼念。科尔告诉我："他是火化的，没有那些仪式。苏珊只是一个人坐在家中，我去看望她时告诉她：'等你回来上课时，我们会为亨利上一节特别的课。'"亨利喜欢古典音乐，所以科尔开始寻找相关的配乐组成播放列表：克劳德·德彪西（Claude Debussy）的《月光曲》（*Clair de Lune*）、莫扎特（Mozart）的《第十四号交响曲》（*Symphony no.14*）的柔板、维瓦尔第（Vivaldi）的 E 大调协奏曲《春》（*Spring*）。

苏珊回来上课的那天，亨利已经去世将近两周了。那天刚好是另一个学员的生日。此外，课上还有一个女学员在庆祝儿子即将结婚。这些都是科尔一般会去了解的事情。她记得自己当时努力思索着要怎么在一节课上同时兼顾婚礼、葬礼和生日。她选择了比尔·威瑟斯（Bill Withers）的《信赖我》（*Lean on Me*）作为最后一首歌曲，然后要求全班围成一个圆圈。科尔首先邀请过生日的女学员来到圆圈中心接受祝福。接着她邀请儿子大婚在即的女学员，让大家与她分享这份快乐。最后，整个班的学员手拉着手，把对亨利的回忆围在中间。"我们摇摆、跳动、牵着手、举起手，一起送亨利走完了最后的旅程。"之后，一群学员表演了一段即兴的葬礼。他们买来咖啡、水果和早餐面包卷，听着苏珊讲她和亨利的故事。"我们会照顾好苏珊，”科尔说，“我们会督促她来健身房，支持她重新展望未来的生活。”一年多后我再次联系科尔，她告诉我苏珊依然在定期健身。每隔一段时间，科尔就会播放那些用来纪念亨利的古典音乐，来致敬苏珊和亨利。

回顾人类历史，很长时间以来，人们社交网络的规模和成员都受地理限制。而现在家庭成员的距离可能跨越半个地球，但科技使我们可以和这个星球上的任何一个陌生人产生联系。随着社交网络的扩大和分散，有一个问题值得我们深思：有没有可能远距离体验集体快乐，也就是同时运动，但不在同一地点，从而创造一个不受距离限制的社群呢？

澳大利亚墨尔本皇家理工大学（RMIT University）的研究团队“体力运动实验室”设计了一款“跨距离慢跑”的应用程序，可以让异地的两位跑步者相互联系。用户在慢跑时可以通过手机交谈，而这款应用程序则通过跑步者的卫星定位计算他们的配速。如果你和同伴保持同样的速度，那他听起来就像在你身边一样。如果你加速，这款应用程序会让对方的声音听起来好像来自你身后。这款应用程序通过此方式鼓励跑步者保持节奏一致（你还可以用心率计算配速，这样“同步”就取决于双方主观努力的程度，而非客观的速度）。这种空间化的音频反馈创造了一个更真实的、与人并肩跑步的感觉，而非单纯的通话。一位早期用户表示：“我感觉他一直在陪着我。”

此外，还有其他技术也能让用户与更大的群体建立联系。詹妮弗·韦斯（Jennifer Weiss）是南加州一位 48 岁的整形手术医师，几乎每天清晨五点三十分都会在车库骑她的佩洛顿固定式自行车。这辆自行车通过一个视频应用程序将她和遍布全世界的另外 800 多位骑手联系起来，在佩洛顿位于纽约的工作室里可以实时播放这些锻炼的场景。这款软件还会将韦斯的运动数据发送给教练，并建立社区排行榜，根据速度和难度给骑手们排名。当在排行榜上看到自己的排位接近某个骑手，或看到其他人和她的排名一起升升降降时，韦斯感觉就像在和他们结伴骑行。当教练让骑手们跟着音乐的节奏骑车时，韦斯知道，世界各地的骑手都在用同样的节奏骑行，这让她想起在瑜伽课上所有人同步地运动和呼吸时的感觉。

跨距离慢跑和佩洛顿骑行直播，这两种体验都是通过技术实现人与人之间真正的联结。同时，技术还能用来模拟社会互动。做出"跨距离慢跑"应用程序的"体力运动实验室"还打造了一款"慢跑机器人"，它是世界上第一款陪跑机器人。慢跑机器人其实是一款无人驾驶侦察机。你可以提前设定路线，而它会用卫星定位功能一路跟着你。用户需穿上一件胸口标有特殊记号的 T 恤，这样慢跑机器人的相机就能检测到你。慢跑机器人会飞在你前方大概 10 英尺[①] 的地方陪伴着你。早期的测试过程中，用户很快就会把机器人当作自

① 1 英尺约为 0.3 米。

己的同伴，他们出于本能地在脑海中将无人机拟人化，将它盘旋的声音解读为运动的迹象，就像它在使劲呼吸、努力追赶慢跑者一样。即使有时传感器出错，或者大风让慢跑机器人偏离了轨道，用户也将其解读为“它有自己的思想”。

该如何理解这件事？如果你的首要目标是利用人类对陪伴的渴望让自己更加享受运动，那慢跑机器人就很合适。如果需要真正的社交，而运动只是达成这个目标的方式呢？你可以说，任何渴望真正社交的人都会拒绝慢跑机器人而选择加入跑步团，或者直接加入当地的基督教青年会。加入新环境有时令人害怕，相比冒这个风险，你可能还是会决定和无人机一起散个步，或者用虚拟现实手套的压感产生与人击掌的感觉。

布朗温・塔尔最近在虚拟现实中再现了她的舞蹈实验，当人们和虚拟形象一起跳舞时，相比于不和自己同步的虚拟舞伴，他们更喜欢与自己同步的虚拟舞伴。就像在同一空间内与人类舞伴同步跳舞时一样，他们对疼痛的忍受力也有所提高。这些结果都表明，虚拟现实可以带给你和现实世界一样的内啡肽激增。我承认这个发现在我的意料之外。话说回来，这也许就解释了为什么从小到大，我都对健身视频有这么积极的反应。这也能解释为什么跟着虚拟形象跳舞的游戏会如此流行。这种游戏激活了非常真实的神经奖励机制。虚拟现实所创造的同步性联系的幻觉甚至更为强烈，但这让我喜忧参半。如果集体快乐是作为一种社会性“理毛”行为不断演变，那么它激发的内啡肽就并不只是为了让人感觉更好，而是为了培养重要的人际关系，帮你打造一个社会支持网络。和虚拟形象或者机器人一起运动，引起的内啡肽激增又促进了什么人际关系呢？

这些科技利用了我们的社交本能，但并不一定能提供与其模仿的体验相同的益处。我双胞胎妹妹的女儿早产了两个月，她和丈夫搬进了新生儿重症监护病房。这个突发事件让他们错过了很多安排好的事，其中包括一次他们早已报名参加的 10 公里田径赛。他们的跑步团替他们取了号码牌，说服组织者把我妹妹和她丈夫如果跑完全程会得到的奖牌交给他们。跑步团把号码牌和奖牌送了过来，并跟他们说："不管你们在哪儿，去跑 10 公里吧。"我妹妹回忆道："我们戴上号码牌，绕着医院跑了 10 公里，然后一整天都戴着奖牌，还给跑步团发了照片过去。当时我们的生活真是一团糟，觉得一切都处于失控中，一切都让人备感压力。而跑步团的选手们给我们送来了温暖。"还有必要问这个问题吗？慢跑机器人能不能为他们做到一样的事？

我并不想假装知道真实的情感联结和模拟体验之间的界限究竟在哪儿。这些是人工智能和虚拟现实领域需要研究的问题，因为现在性爱机器人、护理机器人和宠物机器人已经开始渐渐取代真实的生物体了。很快我们就需要决定，我们自己的界限到底在哪里，而范围也远不止跑步伴侣。我们生活中的方方面面都朝着用科技建立联系的方向在发展，而非在共同的空间中直接接触，需要我们和他人接触的活动越来越少，但这也愈加重要。甚至那些习惯了通过技术建立联系的人，也需要近距离联系。佩洛顿健身爱好者詹妮弗·韦斯跟我说，她又买了一辆单车，这样她丈夫也能和她一起骑了。我听完露出了微笑。他们最喜欢的是他们在车库骑单车时，三个孩子在旁边跳舞陪着他们。

威廉·H. 麦克尼尔（William H. McNeill）于 1941 年应召入伍，被派往得克萨斯州，当时部队正面临供给不足的问题。一开始的六周里，新兵们都只有一套散发着恶臭的军服。虽然麦克尼尔接受的是高射炮兵的训练，可基地里只有一门坏掉的高射炮给高射炮兵营用。麦克尼尔的教官无法让他们在基地得到有效的训练，新兵们只好服从命令去给营房徒手除草（除草机也很稀缺）。教官还命令新兵们以密集的编队齐步走好几个小时。麦克尼尔对这些训练的第一印象是“简直找不到比这更没用的训练方式”。随着他们一起在艳阳下齐步走，军靴踏起尘土、踢起石子，大家一起喊口号，他对这种印象发生了改观。“无法用语言形容训练时持续、统一的动作激发出来的情感。”麦克尼尔在他 1995 年出版的《与时俱进》（*Keeping Together in Time*）一书中写道，“我记得那是一种无处不在的幸福感；具体点儿说，是一种奇怪的、自我在放大的感觉；一种膨胀感，超越生命的感觉。”

心理学家称这种通过集体行为获得的自我激励感为“群众作

用”。麦克尼尔自创了词语“肌绊”来形容像齐步走、同步劳动等产生“群众作用”的运动。当我们步调一致时，我们更愿意也能更好地为集体目标奉献自我。在麦克尼尔离开军队、继续他历史学家的事业时，他开始相信，“肌绊”产生的“群众作用”长久以来都是军队力量的来源之一。阿兹特克人、斯巴达人和祖鲁人都是通过仪式化的舞蹈来训练年轻战士的，而欧洲军队则通过密集队形的训练来打造“狩猎团队友谊”，并以此增进士兵在战争中的团结和奉献精神。

麦克尼尔的观点揭示了同步运动的第二个社会功能。它的作用不只是帮助个人打造社交圈，还能打造一个可以保护领地、追求共同目标、共同面对巨大威胁的团队。内科医生乔金·里克特（Joachim Richter）和心理学家罗亚·奥斯托娃（Roya Ostovar）都猜想，早期人类发展出同步运动也许是作为一种防御手段，为了“制造一种由同类组成的体形巨大的、无法战胜的动物形象，以欺骗捕食者”。这个猜想也不是没有可能，许多物种都会利用同步防御策略。

巨头鲸和海豚同时游泳和浮出水面以威慑敌人。黄腰长尾雀为了保护它们的蛋不被捕食者抢走，会集结成群包围入侵者，或俯冲过去啄捕食者，直到对方逃跑为止。当麝香牛被狼群包围时，它们会紧紧围在一起，牛角向外，像一只多头的野兽，形成不可突破的牛群。人类成群结队地统一前进，也能产生类似的威慑效果。在一次心理实验中，参与者仅根据士兵们靠近时的步伐声来判断他们的强大程度。某些实验组中，参与者听到的录音中脚步声很统一，而有些实验组则不然。当参与者听到统一的脚步声时，他们想象中的士兵块头更大、更强壮。步调一致的实验组给参与者的印象也更统一，不再是单独的个体，而是一个统一体——一种超个体，而且战斗力也会相应提升。

在外人眼里，任何动作一致的团体都因同一个目的聚在一起，因共同的价值观联系在一起，以唯一的身份行动。就像威廉·H. 麦克尼尔在训练齐步走时发现的一样，这种感觉不只流于表面，团体内部的人也感到自己更有力量。当人们一起前进时，外部威胁看起来不再那么可怕，敌人的威胁性也显得更小。这也许是安达曼岛民在与外敌交战前会举行舞蹈仪式的原因之一。这也部分解释了为什么政治运动和社会运动经常组织游行。集体活动不仅能对外展示集体的力量，还能提升成员的士气。对现实世界中游行和示威的研究，也证实了这些活动的参与者大多体验到了“群众作用”。积极参与者（而不是那些旁观者）描述了一种与团队紧密相连的感觉，以及一种超越自身的存在感。游行还会给参与者希望。活动之后，他们更倾向于认可世界公平、人性本善，更容易感到在游行中抗议的问题可以得到解决。重要的是，旁观这些活动不足以体验到这种感觉，一定要参与才行。

宝琳·达维登科（Polina Davidenko）出生在俄罗斯的西伯利亚，2岁时，父母带着她和姐姐移居到了美国。2008年，她还是高一新生时，生活在俄罗斯的祖母妮娜（Nina）被诊断患上了恶性淋巴瘤。达维登科和母亲都无法陪着她，分离的痛苦压在她们心头。祖母确诊后不久，达维登科的学校举办了美国癌症协会的抗癌接力募捐活动，活动中，社区成员一起绕着她所在高中的足球场连续步行24个小时。美国癌症协会解释说："癌症患者不会因为疲倦而倒下，这一晚，我们也要这样。"达维登科也决定加入。

她还记得，那天天气晴朗，无风无雨。白天大家都精力充沛，整个活动像一场派对。当地乐队在台上表演，足球场成了露营地，满是食物、帐篷和折叠椅。达维登科的父母中午加入了他们，陪她走了1英里。太阳落山后，大家安静下来了。人们向癌症幸存者和因癌症失去所爱之人的人致敬，然后在装饰过的纸袋子里面点上蜡烛，做成许愿灯。达维登科为她的祖母也做了一个，上面装饰着花朵。黑暗中，人们走在跑道上，辨认着哪个是自己做的灯，而达维登科则有机会和大家分享祖母的故事。

"早上四点，彼此的交流越来越深入。"达维登科回忆说，"一边运动一边聊天，感觉比面对面坐着时更能敞开心扉，更愿意分享。所有顾虑都能放下，你更容易说出平时自己不会说的话。之后，你会更信任这些人，因为他们看到了一个脆弱的你。"有时候她会一个人沉默地走着，即使是那段时间，她仍说："你还是会觉得和某种超越自己的存在有某种联结，你不只存在于自己的思想中。你能看到大家都在球场上玩游戏、哭泣、交谈。而你目击着一切。”走到50圈时她已经不再计数，她估计自己在夜里走了12英里。“因为奔着一个目标前进，所以就不那么注意疲劳了。如果只是为了运动，我肯定走不到50圈。”

到了早上，当地的消防员们给大家带来煎饼当早餐，还配了香肠、面包圈和橙汁。大家坐在一起吃早餐，听着举办方做闭幕陈词，并感谢参与的步行者和志愿者们。达维登科离开时，她的跑鞋上留下了厚厚一层来自跑道上的红色粉末。她一直记得自己看着那双跑鞋时心里的骄傲，她甚至不想擦掉粉末。

心理学家布朗温·塔尔告诉我：“我们需要能让彼此联系起来的东西，这让我们能成为一个集体。”幸运的话，我们在日常生活里能经历很多这样的时刻，但那些能凝聚人们集体行动的特殊事件也非常有益。研究者们研究了诸如“生命接力赛”（Relay For Life）等慈善体育活动对参与者的影响，经常参与的人都声称体验到了集体的力量，感受到了希望和乐观。从义卖到拍卖，这种活动的组织者可以选择任何方式进行募捐，但都没有5公里跑、半程马拉松或者“喧嚣芝加哥”（Hustle Chicago）这种体力挑战有吸引力。在“喧嚣芝加哥”的活动中，数千人爬上了94层高的地标约翰·汉考克大厦，为呼吸道健康协会募捐。不管是心脏病、癌症、艾滋病，还是社会不公，这些威胁都会让人们感到无力、绝望和泄气。而关注这些问题的体育活动则能让人们尝到绝望的解药——群众作用。参与这些集体活动能带来诸多好处，体力运动能振奋我们的心情，而社群可以激励我们的士气，仿佛突然感觉仍有机会赢得这场战争。这也在提醒我们，有人在和我们一起承担痛苦。宝琳·达维登科跟我说："在遭受痛苦时，你觉得只有你一个人。而看到人们聚在一起，你就会想起有人在和你并肩战斗。"

每年，都有上千人聚在"中途岛号"——一艘停泊在圣地亚哥港的航空母舰——的甲板上一起舞蹈。从 1945 年到 1992 年，超过 20 万水手在"中途岛号"上服过役，有的是参加战斗，有的是参加人道主义救援。现在，这艘航空母舰每年会承办上百次军事仪式和社区活动。其中一个活动，就是年度爵士舞募捐，这个活动在一天之内就能募集超过 10 万美金用于乳腺癌研究和赞助。这个活动的定位是与乳腺癌宣战。舞者们成群结队地到场，穿着一样的马甲，马甲上印着类似"一个人也要坚强，团队势不可当"这样的口号。教练会带着参与者跟着流行音乐跳些基本的舞步，一千双脚同时在甲板上踩着一个节拍。从航拍的镜头中，可以看到一群穿着粉衣服的人在步调一致地移动，更像一个超个体，而非一群独立的人。通过一致的节奏和走到一起的愿望，舞者们成为不容侵犯的兽群、保卫家园的蜂群、由个体融合成的一个强大的"我们"。

2011 年 3 月，日本东部大地震重创了岩沼市。这个海岸城市的一半土地都被海啸的巨浪淹没，180 名居民失去了生命。地震后，该市有 15% 的居民出现了抑郁的症状。作为重建工作的一部分，公共健康部的官员开展了鼓励居民运动的项目。那些集体运动参与度提高的人，抑郁症状都有所减轻。独自步行也有积极作用，但集体运动效果更加明显。

2017 年秋天，当时我正在休斯敦和得克萨斯州市政联盟讨论灾后重建问题。这次会议聚集了市长、警察局长、消防队长、市议员及管理层，还有公共事务部、公园和策划部负责人。这次会议是在得克萨斯州历史上最严重的自然灾害之一哈维飓风之后召开的，举行会议的乔治·布朗会议中心收留了数千名被飓风摧毁了家园的难民。

到达的那个下午，我穿过市中心走向市政厅，那里的街道已经被风暴带来的洪水淹没。而走回酒店的路上，我听到了音乐。我跟着乐声来到绿色探索公园，那里的会议中心正在上免费的尊巴舞蹈课。十几位舞者在石板路上拍手、跳跃，教练奥斯卡·萨奇（Oscar Sajche）在台上带着大家做动作。天气燥热潮湿，我一路走来已经满身是汗，还带着一整袋需要赶紧放进冰箱的食物，但我犹豫了一下，还是把袋子放在公园的长椅上，之后加入了他们。

我们跳了各种常见的尊巴舞曲：萨尔萨舞曲、雷吉顿、昆比亚、梅伦格舞、嘻哈斗牛梗。有的人穿着正式的尊巴服装，但是许多人和我一样穿着不适合健身的衣服，只是无法抗拒舞蹈派对的诱惑。

陌生人向我微笑着，在那里，人们看起来很快乐。我们一边摇摆一边跺脚，我突然意识到这里刚刚遭遇过自然灾害，而我们却在这里跳舞，这说明城市正在重建。或者，舞蹈派对有着其他含义：不是重建的证据，而是重建的途径。在卡特里娜飓风的袭击后，雅各布·德瓦尼（Jacob Devaney）一直在新奥尔良从事重建工作，他记得自己从日出一直忙到深夜，每天面对着越来越多的失去和离别。下了班的德瓦尼并不会直接回家，而是去新奥尔良俱乐部跳舞。他说自己能走过那段时光，信念没有被消磨光或者病倒，完全要归功于那段大家在凌晨一起跳舞的快乐时光。

我在脸书上找到了那位户外尊巴教练萨奇，发现他已经在休斯敦免费教授了十年的社区尊巴舞课程。飓风哈维刚刚结束时，他发布过这样一条状态："和上百位尊巴勇士享受超级棒的户外课程。我们是休斯敦的支柱，我们会重新站起来。"我突然意识到，主动教授免费尊巴舞课程的老师，和请我来到休斯敦的市政联盟一样，都是民众参与的模范。第二天我与公务员、官员交谈时，谈到了目标和社会联系。我感谢前一天项目参与者为当地食物仓库整理捐赠物资而做出的贡献。但在我内心深处，我在想也许我应该取消这次演讲，带着团体健身课的歌单来。

人类天生就会与他人同步。不仅是运动，还包括我们生理、心理的方方面面。在感到与他人产生联结时，我们的心跳、呼吸甚至大脑的活动都会调整节奏。一群人通常会同步他们的运动和呼吸，哪怕没有明确的指令。与电脑产生的完美节奏相比，人们能更准确地与另一个人稍微不规则的节奏同步，就好像我们的生物本能被调节到识别并响应共同的人性。对某些人来说，将自我超越感简化为神经系统的怪癖可能有些扫兴。然而，我发现我被大脑渴望成为更大的存在的想法迷住了。我们的感知系统随时准备放弃自我认知的界限，我们的大脑天生就具备与他人建立联结的能力，这种感觉和你的心脏、肺叶和肌肉的反馈一样真实。这件事很奇妙，因为人类一生绝大多数时间都感知自己是独立的存在，但通过一个小小的行动—— 一起运动——就能消融个体之间的界限。

认知科学家马克·常逸梓（Mark Changizi）用“天性驱使”这个词形容任何能“利用进化中古老的大脑机制实现新目的”的文化发明。这些发明之所以能广受欢迎，是因为触及了我们的核心本能。我研究集体快乐的动机之一，就是想更好地理解我对团体运动的热爱。现在，当我回想起那些课上的情形，“天性驱使”似乎是个绝佳的解释。任何曾一同围着篝火起舞，或一同在战前踩着节拍进行仪式的人，到了团体健身操课上也知道该怎么做。心理学家布朗温·塔尔说过，如果你想体验集体快乐，最有效的方式就是“大型尊巴舞蹈课”。团体运动成功地利用了许多能加强同步运动的好处的因素。比如，你的心率越高，对与你同步运动的人的亲近感就越高。加入音乐也有同样的加强效果。不管是意外还是刻意为之，许多健身课都会利用“密集聚集”效应：保留较小的个人空间，放大同步运动中的社会凝聚力，这也许是因为现实世界中的靠近，更易于模糊自我与他人之间的界限。当我们与他人近到能闻到对方的气味时，情绪也会更有传染力。你知道快乐的汗味和普通的汗味是不同的吗？你知道你闻到别人身上快乐的汗味后，自己的心情也会随之振奋吗？“毛孔里散发着愉快的味道”，这种现象似乎在各种文化中都是共通的。哪怕你不会说当地语言，比如布朗温·塔尔不由自主地加入了马拉若岛上的卡林博舞，你也有可能被一种真实呼吸到的集体快乐所感染。

广受欢迎的团体锻炼方式仅靠重复简单的动作增进集体快乐。在分析了安达曼岛民的舞蹈仪式后，A.R. 拉德克利夫－布朗发现舞步本身并没有什么明显的艺术价值。“舞步的功能似乎是尽可能地调动身上更多的肌肉。”他写道。动作的统一和单调确保了舞者能体验到一种“自我屈从的快乐”。现代健身操采用了同样的策略，产生了一种类似的愉悦体验。团体运动如果出现问题，几乎总是因为动作太复杂，使得大家无法保持同步，导致个体跟团体步调不一致。

每过十年，健身业都会重新洗牌。尽管动作和音乐会改变，尽管会添置新的工具——台阶、杠铃、静态单车，但是像我们这样几十年如一日地穿着紧身裤跳操的人会告诉你，核心体验其实没有变。新的团体运动项目一般都是给不同步的运动加入同步性，比如拳击（韵律搏击）、举重（有氧杠铃操）或者单车（飞轮课）。对任何红极一时的健身项目抽丝剥茧，你会发现核心是一样的，都是集体快乐。只要我们的DNA还要求我们和他人产生联系，我们就会继续寻找能和他人一起运动、一起流汗的地方。

大多数人都能在同步运动中体验到快乐，而且有些人似乎特别喜欢与他人同步运动。一个可能的原因是集体快乐与合作之间的联系。事实证明，有亲社会倾向的人——喜欢看到别人幸福或愿意帮助有困难的人——更容易和别人同步。他们的思维或生理上的某种特质，让他们更容易融入集体行为，并陶醉在其中。也许这是团体运动利用的最后一项人类本能：跨越自我，为世界做出贡献的欲望。通过齐步走、同步蹲起和后踢腿展现这种欲望，似乎有些奇怪。旁观者无法理解这种吸引力，这是一种旁观者无法体验的快乐。像其他所有天性驱动的现象一样，唯有亲身参与才能理解。接着，内啡肽突然激增，心跳加速，你会觉得它是世界上最合理的事。正如历史学家威廉·H.麦克尼尔所写的："对动作一致的欣快反应深深刻在我们的基因中，我们无法长时间抗拒它。这仍然是创建和维持我们所掌控的社群最有力的方式。"

THE JOY OF MOVEMENT

04

允许自己被触动：

留出唤醒快乐的神经通路

一段听起来欢快的音乐，让我们感到快乐，让我们忍不住通过动作来表达这种快乐——这就构成了一个正反馈循环，从而加速并放大了这首歌本身给人带来的快乐。而欢快的音乐和快乐的运动之间的相似性惊人。

只要你允许自己被音乐触动，你的神经系统中就会留下一条通路，当你再次听到那首歌时，这条通路能再次唤起快乐。

几年前，在旧金山市中心凯悦酒店宴会厅的后台，我正在等一场科技设计师大会。在我演讲之前的开幕式上，是一群僧侣的表演。他们要为为期三天的活动在酒店大厅打造一个曼荼罗沙坛，这是一个用七彩细沙铺成的、极耗人力的艺术品。他们穿着红色僧侣袍，排着队，和我一起在后台等待着。他们双手紧握，揣在金色的袖子里。在我们等待的时候，音响里突然传出音乐，吸引与会者进入宴会厅。当圣汽车旅馆乐队（Saint Motel）的歌曲《感动》（*Move*）响起后，我发现自己不由自主地跟着音乐节奏点着头。我用余光看到一只褐色的皮拖鞋也在跟着节奏轻轻点地。穿着拖鞋的僧侣看到我注意到了他的动作，对我微微一笑。

在那一刻，我们都被强大的本能所驱动：随着音乐的节奏运动，音乐学者称之为“节奏感”。对大多人来说，让身体与节拍同步的冲动是如此强烈，以至于需要努力地抑制它。这是一种在生命早期出现的本能。刚刚离开母亲子宫 48 小时的新生儿就能识别出简单的节奏。婴儿在听到 4/4 拍的莫扎特《弦乐小夜曲》（*Eine Kleine Nachtmusik*）时会跟着节奏摆动脚丫，脸上还会露出微笑。这些行为在婴儿学说话、走路甚至爬行之前就已经出现了，这表明欣赏音乐的能力是人类与生俱来的。

确实，似乎大脑一听到音乐，就会将其解读为运动的邀请。科学家们发现，即使你一动不动地躺在脑扫描仪上听音乐，你的运动系统也会被激活。音乐会激活大脑中所谓的运动回路，包括辅助运动区域——这个区域控制运动计划，还有负责协调运动的基底神经节，以及负责动作时间的小脑。音乐节奏感越强，或者你越喜欢所听到的音乐，这些区域的耗能也越大。这些都是在大脑中发生的，哪怕你的身体并没有移动。这就好像大脑一听到音乐，身体其他部分就不由自主地参与进来。正如神经学者奥立弗·萨克斯（Oliver Sacks）在著作中所写的："音乐响起时，我们是用肌肉在聆听。"生命中最大的享受之一，就是顺从这个冲动：唱歌、跳舞、拍手和跺脚；庆祝音符、和弦、歌词触碰你内心深处的感觉；顺从于它们的控制，允许自己被触动。

1863 年 7 月 1 日，马萨诸塞州第 22 步兵团 H 连的列兵罗伯特·戈特思韦特·卡特（Robert Goldthwaite Carter）正在费城的艳阳下行进。卡特和战友们那天的行进路线上堆满了死马，这让人想起在前一天战斗中死去的骑兵。卡特在信中描述说，许多人都中暑了，到了下午太阳最毒辣的时候，"上百人都筋疲力尽地倒在路边"。就在士兵们要被疲惫打垮之际，卡特听到远处传来了军号和战鼓的声音——另一个看不见的军团在另一条路上行军，并奏起了乐。

“疲惫不堪、腿脚酸麻、烦躁不已的士兵们，本来都已经用尽了力气，准备瘫倒在路边，却从军乐声中受到了鼓舞，跟着音乐的节奏，重振士气，艰难地回到了大部队中……这就是音乐在英勇的被晒成古铜色的波托马克军团的老兵身上展现的力量。”

许多极限运动员也都有类似的经历，比如及时响起的音乐让他们起死回生。76 岁的塔克·安德森（Tucker Andersen）自 1976 年起，几乎每年都要参加纽约马拉松赛。他在接受《纽约时报》（*The New York Times*）采访时，提起过一次让他记忆犹新的比赛，最终是音乐带着他跑过了终点。当时他已跑完全程的四分之三，许多跑手开始坚持不住了。纽约的马拉松赛，选手一般都会在通过威利斯街大桥、进入布朗克斯的时候感到疲惫，这里围观的人群和喝彩声都已经渐渐减少。而安德森刚刚跑入布朗克斯时，一位少年靠在一栋公寓外面的窗户上，手里拿着一个音响，就像专门为了给安德森鼓劲一样，放着《洛奇》（*Rocky*）的主题曲。

大脑听到喜欢的音乐，会以分泌大量的肾上腺素、多巴胺和内啡肽作为回应，而所有这些都可以激发斗志、减缓痛苦。因此，音乐学家形容音乐有“增能作用”，或者能“提高工作效率”。纵观历史和各种文化，音乐都被用作减轻劳动压力、提高工作成就感的工具。音乐激发的内啡肽不仅会让工作看起来更简单，还能凝聚团队。贝尼特·科尼斯尼（Bennett Konnesni）在缅因州的贝尔法斯特经营着一家名为达克贝克的农场。他曾为了研究劳动号子的传统而周游世界，与爱好音乐的加纳渔夫、爱跳舞的坦桑尼亚农夫和爱唱歌的蒙古牧羊人共度时光。有时，他和缅因州农场的工作人员在播种、剥蒜时也会一起唱歌。“不是像《音乐之声》(*The Sound of Music*) 那种，”他说，“要等你的大脑和身体感觉需要音乐才行。”当科尼斯尼开始唱劳动号子时，“有时候改变很快就出现了。肌肉的感觉都不一样了。酸痛感消失，就像吃了止痛药一样。我开始出更多的汗，因为我工作得更努力了，而且劳动速度也会加快”。随着身体不适感的消失，愉悦感取而代之。“我开始感到一种极致的快乐和永恒感，我都不知道在那种状态里时间过去了多久。”

多亏这种增能作用，音乐还得以帮助人们超越明显的生理极限。在一次实验中，数位患有糖尿病和高血压的中年人一边做心血管压力测试，一边听欢快的音乐。在测试过程中，患者们首先要在跑步机上步行到自己的身体极限，同时实验员会有规律地提高跑步机的速度和坡度。大多数人在 6 分钟时开始喘不过气来，在 8 分钟时基本都放弃了。然而，在有音乐伴奏的情况下，患者们平均多坚持了 51 秒。与他们之前的最高水平相比，几乎多了将近 1 分钟。心血管压力测试是检验心脏强度和忍耐力的黄金标准。音乐成功地提高了他们的心脏功能。

许多运动员都了解并利用着音乐的这种益处。在被精心设置的实验环境中，加入背景音乐后，赛艇选手、短跑运动员和游泳选手的成绩都提高了数秒。音乐能让跑步者忍受更长时间的极端高温和潮湿，而铁人三项运动员也能更大程度地拓展自己的极限。听着音乐做运动甚至能帮助运动员减少氧气消耗，仿佛音乐本身能为他们提供所需要的能量一样。类似的发现让《运动医学年鉴》（*Annals of Sports Medicine*）上一篇科学综述的作者得出结论：音乐其实是一种合法的提高运动成绩的药物。

2007 年，美国跑步比赛管理机构禁止在正式比赛中使用个人音乐播放器。他们声称这项规定主要是出于安全考虑，但很多人认为这其实是为了减少不同的歌单给选手之间造成的不公平竞争。这个担忧不无道理。1998 年，埃塞俄比亚运动员海勒·格布雷西拉西耶（Haile Gebrselassie）成功地说服主办方在室内 2000 米跑的比赛过程中播放流行歌曲《斯卡特曼》（*Scatman*）。他一直听着那首歌训练，很清楚这是与他的步伐完美同步的曲目。最终他成功地打破了世界纪录。

如果音乐是一种提高成绩的药物，那么布鲁内尔大学的运动心理学家科斯塔斯·卡拉吉奥吉斯（Costas Karageorghis）就是世界领先的供应商之一。他与奥林匹克运动会、国家队和大学的运动员们合作，为训练和比赛定制歌单。他帮助创作了“乐跑”（Run to the Beat，半程音乐马拉松）及“氧气触地”（O_2 Touch，音乐伴奏下的男女混合接触橄榄球项目）这两个项目的配乐。他还为几家知名流媒体服务商定制算法，而这些算法将确定你在健身歌单中听到哪些歌曲。

卡拉吉奥吉斯在伦敦南部一家二手唱片店的二楼公寓长大，他称那是“贫穷但多彩的地方”。每天早上，他都会被店里低音炮的嗡嗡声吵醒。起床后，他总喜欢看窗外来来往往的行人。只要人们来到听得见音乐的范围——一般都是鲍勃·马利（Bob Marley）或者德斯蒙德·德克尔（Desmond Dekker）的雷鬼乐，他们就笑了，脚步也轻快了许多。在卡拉吉奥吉斯眼里，日常散步一旦加上音乐，就会发生彻底变化，他管这叫作“听觉喜悦”。

十几岁时，卡拉吉奥吉斯就在田径方面表现出色。有一年，他参加了伦敦年度青少年田径赛。他发现自己和传奇的四百米跨栏选手埃德温·摩西（Edwin Moses）一起在热身区。摩西正用一台老款的索尼随身听听灵魂乐。当时，个人音乐播放设备还很少见，摩西是唯一一个听着音乐做准备的选手。卡拉吉奥吉斯还记得当时的自己觉得这种方式很新颖，很佩服摩西找到了适合自己进入比赛状态的方式。

现在，听着音乐做准备的选手已经无处不在，而卡拉吉奥吉斯正是帮助他们选择音乐的人。他首先需要找出每个运动员的音乐品位。他们最喜欢的歌曲是什么？最喜欢的歌手是谁？他会查看歌单的每一首歌，请他们解释喜欢某个单曲的理由。他会让他们在跑步机上试跑，寻找能提高他们速度的单曲。他会测试他们的握力，看看一首歌是否能增强他们的抗疲劳能力。卡拉吉奥吉斯在寻找一首能与运动员有足够共鸣，进而改变他们的心境和生理状态的歌曲。通常他能很快确定某首歌是否有效。“你会立即观察到节奏反应。”他说。运动员会跟着节奏点头或者轻轻跺脚，还会有明显的生理反应，比如瞳孔放大、汗毛立起。通过这些现象，卡拉吉奥吉斯就会知道一首歌有没有导致肾上腺素激增。

强劲有力的歌曲往往具有某些令人振奋的特质：强劲的节拍、充满活力的感觉，以及每分钟 120 到 140 拍的节奏，这似乎是人类运动中普遍喜欢的节奏。力量歌曲还有强烈的“音乐之外”的联系：在听歌者心中激发出的积极的情绪、画面和意义。这些联系可以基于歌词、歌手、听歌者的个人回忆，也可能和流行文化有关，比如某个电影的插曲，或者某个大型体育活动的官方歌曲。

组成一首歌的各种元素中，歌词最能激励我们加倍努力，减少疲劳、疼痛及感知到的投入。如果你看看当前比较流行的健身歌单，你会看到里面的歌词基本都在强调坚持和决心。这也是艾米纳姆（Eminem）的《直到我倒下》（*Till I Collapse*）这首歌直到今天依然在健身圈流行的原因之一。能给人以力量的歌词，一般都是在说运动，会用一些类似“努力”“加油”“奔跑”之类的词语。卡拉吉奥吉斯说起这点之后，我去看了自己的音乐库，才发现他说得没错——我自己听的歌曲都是像特拉维斯·巴克（Travis Barker）的《我们冲》（*Let's Go*）、斯特拉·旺吉（Stella Mwangi）的《努力》（*Work*），还有托比麦克（TobyMac）的《向前（继续走）》[*Move*（*Keep Walkin*）]之类的歌曲。

能让人想起英雄的音乐能调动起许多运动员的积极性。卡拉吉奥吉斯的一项研究发现，听幸存者乐队（Survivor）的《老虎之眼》（*Eye of the Tiger*，《洛基 3》的主题曲）能让参赛者更加努力，并在让人筋疲力尽的力量挑战中更加享受。毋庸置疑，这首歌能赋予人力量，得归功于它与一位永不放弃的斗士形象建立了联系，以及关于直面挑战的歌词。脑活动记录显示，这首歌能分散参赛者的注意力，让他们忽略极限到达之前的不适感，并坚持下去。

我还记得第一次听到那首现在我最常听的力量歌曲时的情形。当时我在上室内自行车课，突然响起了澳大利亚流行歌手哈瓦那·布朗（Havana Brown）的《战士》（*Warrior*）。那首歌节奏强烈，女歌手唱着“跟随鼓点起舞”，背景音像是男歌手在高喊着“加油！走吧！走吧！”。听到第一段副歌时，歌声好像已经渗入了我的身体。我感到自己体内有一种野性，让我陶醉、迷恋，就好像我刚刚发现了一直藏在体内某处的力量，一旦引爆那种力量，它就充满了我的全身，帮助我更快更猛烈地踩踏板。我调高了阻力，不是因为教练的指示，而是因为我想感受踏板的阻力，我想感受战胜阻力时自己的力量。我觉得最贴切的描述是，那首歌点燃了我的大脑。它点燃了所有蓄势待发的神经元，激活了一种与我的身份相关联的本能反应：我还记得我的名字——凯利，在盖尔语里是“勇士”的意思。

卡拉吉奥吉斯的研究表明，运动强度中等时，音乐能减少你感知到的投入，让你感觉更轻松、更享受。随着运动强度提高，到了坚持不下去的时候，音乐不再降低你对投入的感知，相反会影响你对自己感受的理解，给生理不适感赋予积极的意义。当艾米纳姆用说唱告诉你寻找内在力量，或者碧昂斯（Beyoncé）告诉你赢家不会放弃自己时，你的汗水与疲惫，甚至肺部传来的灼烧感都成了你决心、毅力和体力的证明。通过这种方式，合适的歌单就能改变你的运动体验。在新西兰奥塔哥大学的一项研究中，研究者请一些女性在跑步机上大声说出自己的想法。大多数女性的注意力都放在了努力的感觉上。对某些女性来说，剧烈呼吸和出汗可能会被解释为自己正在变得更强壮，或者自己在做有益于身体健康的事。而对某些女性来说，类似的感觉可能会让她们觉得自己太胖了，接受不了这种运动。这些不同的理解也决定了她们对健身的享受程度。当她们用积极的视角看待努力的感觉时，她们会感到更多的快乐。在她们达到所谓的换气阈值时，也就是当你需要加快呼吸为心脏供能时，这种效果就更明显。音乐就是塑造健身感受的一种方式。当你选择能激励你的歌曲时，每一次努力都能激发你想要讲述关于你是谁和你将成为谁的故事。

当阿马拉·麦克菲（Amara Macphee）在纽约长老会威尔康奈尔医学中心的心脏病科手术中醒来时，她感到疼痛难忍。她的身上插满了管子，身旁还有机器嘀嘀作响，她甚至没办法坐起来。麦克菲还记得那种不知所措的感觉，当时她心想：这比我想象中要困难得多。

在这一个月前，40 岁的麦克菲身体状况还处于巅峰，因为她一直在纽约西村 305 健身房训练。麦克菲喜欢高能音乐、现场 DJ、迪斯科的灯光，也喜欢那种社群精神。她很喜欢的一件事是，在学员们完成了最困难的持续有氧冲刺后，教练会说一句："和身边的同伴击个掌，祝贺他们！"

2016 年 9 月一个周六的早上，麦克菲发现自己在课上不停地咳嗽。她以为自己是过敏了。接下来的周二，她在课上觉得呼吸更加困难，暂停休息喝水的次数也比平时多了。也许是得了支气管炎，她想。她去看医生，心想医生会给她开些抗生素，下周就好了。没想到，医生的听诊器在她身体左下侧停了很久。"我希望你能去做个胸部 X 光检查。"医生说。结果出来后，麦克菲的医生用铅笔指着 X 光片告诉她："这是你的心脏。这两个是肺叶。"接着她在麦克菲的左肺叶和肋骨之间画了一个大大的灰色圆圈。"你需要做一个 CT 造影检查。"

这次检查发现了一个葡萄柚大小的肿块。麦克菲长了一个良性胸腺瘤。胸腺细胞——胸骨后面的免疫器官——发生了不正常增长。肿瘤在她的左肺叶上产生压力，导致她呼吸不畅。麦克菲的肿瘤并不算癌症，但她需要接受开胸手术以切除肿瘤。

术后第一次尝试起床时，她感觉自己的腿像橡皮一样。她只能靠在墙上，因为光是站着，身体的疼痛就已经无法忍受了。当她的理疗师告诉她，她该试着走路时，她摇摇晃晃地穿过走廊，来到护士站，然后回到自己的房间。“感觉走廊长得没有尽头。”麦克菲回忆道，“我感觉像跑了一场马拉松。”

过了几天，她丈夫带来了一个惊喜。“听听这个，我保证你会喜欢的。”她戴上耳机，听到了一首她在 305 健身课上的热身歌曲。“赛迪发给你的！”她丈夫说。赛迪是麦克菲的一位教练，他挑选出她在课上喜欢听的歌曲，把它们做成了歌单。麦克菲告诉丈夫，她想再试试走路。

麦克菲的丈夫扶她下了床。她穿着病号服和有防滑垫的袜子。她一只手拖着挂吊瓶的滚动架，另一只手扶着丈夫。她一只耳朵里塞着耳机，另一只没有塞，这样她就能听到丈夫鼓励自己的话语。走廊仍然阴冷压抑，但是她的歌单——其中包括蕾哈娜（Rihanna）的《我们找到了爱》（*We Found Love*）和鲁帕尔（RuPaul）的《散步的胆小鬼》（*Sissy That Walk*）——完全改变了她的心态。这些是她的力量之歌。麦克菲感觉自己好像回到了健身房，而不是在病房。“这让我觉得周围的人都在为我加油。我觉得有一个声音在告诉我：你可以做到。”

术后三周，麦克菲在 Instagram（照片墙）上发布了一条小马丁·路德·金（Martin Luther King Jr.）的名言：“如果你不能飞，那就跑。如果你不能跑，那就走。如果你不能走，那就爬。无论如何，继续向前。”术后七周，她已经重回了305健身房。那个周末是感恩节，她很感激自己又能运动了。在和帮助她渡过这段艰难时光的人们一起庆祝时，她尽力忍住眼泪。课程结束时，她的教练赛迪宣布：“我想大声宣布——阿马拉做了一次大手术，我们都很想念她。”

在我们的对话中，麦克菲把305健身房叫作健身家人，这个称呼让我想起了集体快乐，以及一起运动是如何建立起更牢固的情感联系。不管是在群体健身课上整齐划一的步伐，还是运动员在训练中的肌肉联结，音乐可以增强这种效果。当我问起运动心理学家科斯塔斯·卡拉吉奥吉斯他在工作生涯中最喜欢的故事时，他的回答让我惊讶，因为他讲的不是什么音乐让奥林匹克运动员跑得更快的故事，而是一个音乐让人们凝聚的故事。1997年，卡拉吉奥吉斯管理的大学田径俱乐部内部充满了各种矛盾。有些运动员在大巴和酒店里刻意回避对方，不和谐的气氛使整个团队都情绪低落。卡拉吉奥吉斯想了个主意，他制作了一段励志视频，其中突出了那些相处不融洽的队员。他把他们在比赛中的镜头剪辑成视频，选了斯莱兹姐妹（Sister Sledge）的《我们是一家人》（*We Are Family*）作为配乐。每次集合前，卡拉吉奥吉斯都会给大家播放这段视频。大家变得团结起来，在那一年的国家锦标赛上，俱乐部有史以来第一次也是唯一一次击败了对手。

本来这只是卡拉吉奥吉斯口中一个用音乐激励运动员的故事，

但他还有更多渴望分享的故事。那年田径队里有名队员在学生会的酒吧做 DJ，卡拉吉奥吉斯下班后经常去那里喝上一杯。只要那个 DJ 看到他，就会放《我们是一家人》。而卡拉吉奥吉斯的队员们会抢走他手里的酒杯，把他赶到舞池里。“我真的感觉自己与这些运动员就像是一家人。”20 年后，这首歌仍然能为他带来那种归属感。在给我讲了这个故事之后的一天，卡拉吉奥吉斯发给我一张照片，上面是一件红色的 T 恤，印着布鲁内尔大学的校徽和一行字“我们是一家人”。这是他在 1997 年为田径队定制的 T 恤，这么多年来他一直珍藏着。

在 2017 年的斯坦福舞蹈马拉松比赛上，斯坦福大学的成员跳了 24 个小时的舞，为露西尔·帕卡德儿童医院的患者和职工家属募捐了几十万美金。舞蹈马拉松在体育中心的篮球场举行，球场上装饰着气球和学生自制的横幅。许多参与者都穿着官方的舞蹈马拉松 T 恤，配上芭蕾舞短裙，脸上涂着金粉。斯坦福的吉祥物是一棵 9 英尺高、会跳舞的红杉树。当地的比萨店、墨西哥烤肉店和面包圈店源源不断地送来食物，确保每个人都能吃饱。

在整个比赛过程中，主办方一直穿插安排着娱乐活动，以吸引马拉松选手确保他们的参与度。我的名字也跟 DJ、歌手和舞蹈家们出现在一起，我要带领大家进行一个小时的舞蹈派对，做些简单的舞蹈动作，并配上让人们愿意运动和微笑的音乐。舞者至少站了十排，只有最前面几排的人能看到我，而且没有麦克风，我无法用声音指示动作。我只能相信前排的舞者能把动作传到后排，而且他们也基本都做到了。

压轴歌曲我选了百老汇音乐剧《发胶》(*Hairspray*)的电影版插曲《节奏势不可当》(*You Can't Stop the Beat*)。评论家说这首歌欢快、令人愉悦、感染人心——这正是我伴着这首歌起舞时的感觉。这首歌以快速的打击乐、欢快的鼓点、切分的节拍和高扬的运动旋律为人熟知。歌手完美的和声不仅赞美了周六之夜令人愉悦的摇摆和舞动，还赞美了自我接纳、平等和社会进步的价值观。我希望即使是没听过这首歌的马拉松舞者们，也能感受到它那种强烈的感染力。令我开心的是，事实也确实如此。很快所有人都跟上了节奏，开始步调一致地移动、拍手、滑步，仿佛已经排练了许久一样。许多舞者还知道歌词，我看到前排的学生转向他们的朋友，笑着一起唱起来。后来，一位活动组织者告诉我，这是马拉松比赛中最常被谈论的亮点之一。

在那次我们随着音乐跳舞的一段视频中，在舞蹈进行到一半时，有一个镜头很好地捕捉到了舞者之间能量的传递。最后一位年轻人笑着和大家一起做动作，但并没有全力以赴。等到第二段副歌开始，他向后仰着，头和手臂向上扬起，挥舞着双手，同时大声唱着歌词。这是一种幸福的升华，就好像音乐进入了他的身体，让他充满了一种必须表现出来的欢乐。

观看法瑞尔·威廉姆斯（Pharrell Williams）2013年的新歌《快乐》（*Happy*）的MV，你会看到人们跟着唱、跺脚、鼓掌、跳动、摇摆和旋转。这首歌在24个国家的排行榜上名列第一，而这段被快速公司（Fast Company）称为“像鸦片一样让人兴奋又上瘾”的视频起了重要作用。《快乐》更像是一个寻找快乐的教学视频——教人们如何通过跟随欢快的音乐快乐地运动，并得到快乐。这绝对是运动中最大的乐趣之一：一段听起来欢快的音乐，让我们感到快乐，让我们忍不住通过动作来表达这种快乐——这就构成了一个正反馈循环，从而加速并放大了这首歌本身给人带来的快乐。

欢快的音乐和快乐的运动之间的相似性惊人。欢快的歌曲，一般都节奏明快、强劲，音调较高。而被人们描述为看起来快乐的运动，也有类似的特点。它们通常节奏快、幅度大，需要直立完成。快乐会跃动蹦跳，它是向上的、舒展的。一个快乐的身体是伸展的，望向天空，占据空间。在一项研究中，达特茅斯学院的心理学家和音乐学家创造了一种电脑程序，它可以用眼睛产生钢琴旋律和弹跳球的动画。他们请用户创造歌曲或者动画来表现不同的情绪。当参与者试图表现快乐时，他们的旋律和动画表现相似：欢快的钢琴旋律和欢快的弹跳球都表现出规律的、较快的节奏。二者都会“向上”，比如更高的音调，或向上凝视的眼睛。参与者们还会通过越来越高的音调或者跃动的高度来表现快乐——就像一个玩蹦床的孩子，高兴地跳得越来越高；或者像狂欢者，上下跃动着，随着电子音乐的节奏获得快感和能量。以这种方式运动，能产生快乐。在世界各地进行的一系列实验中，人类学家请不同年龄的人完成特定动作，并且报告他们的感受。不同的动作确实会产生不同的感受，包括愤怒、悲伤和快乐。在唤起强烈的情绪方面，有一个动作比其他任何一种都更有效。那是一种典型的表达快乐的动作：全身跃起，双臂向上伸展，敞开胸怀、目光向上，就好像你刚刚把五彩纸屑抛向空中。

在由达特茅斯学院的研究人员领导的这项研究中，柬埔寨的一个偏远小村庄的村民也创造出了类似的“快乐”歌曲和“快乐”动画，这说明快乐的声音和动作具有某种普遍性。世界各地的许多传统舞蹈和它们的伴奏都具有这些快乐的特性。印度旁遮普地区的一种名为“邦葛拉”（Bhangra，意为“陶醉于欢乐”）的舞蹈以跃动、拍手和上扬手臂的动作为主，还有幅度较大的跳跃动作和踢腿动作。以色列民歌“哈瓦纳吉拉”（Hava Nagila，意为“让我们拥有欢乐”）与之类似，通常以轻快灵敏的舞步配以伸展双臂或双臂举过头顶的动作，而且一般舞者会围成一圈，一起拍手歌唱。这些舞蹈捕捉到了快乐的感觉以及我们表现它的方式。许多舞蹈传统和其伴奏之所以能流传弥久，不只是因为文化传承，还因为它们能有效地传达快乐。如英国人类学家 A.R. 拉德克利夫 - 布朗在 1922 年的发现：“个人会通过高喊和跳跃表达快乐；而社会则把跳跃变成了舞蹈，把高喊变成了歌唱。”

我第一次看到人们用跳动的小球的动画来表达快乐时，就想到了肯尼亚马赛人的舞蹈。在他们的仪式中，年轻人围成一圈，每次有一到两个人站在中心尽情跳跃。他们会尽量优美、全力以赴地在原地跳动。其他人则在一旁观看，同时齐声歌唱，不断升高音调和音量，以配合舞者增加的跳跃高度。这个仪式本身是种竞赛，有时，圆圈中心舞者的快乐特别有传染性，以至于大家都忘记了自己在比赛，而开始齐声高歌，一起跳跃起来。当你看到这种场景就会忍不住想，这应该就是快乐的样子。

我在纽约林肯中心茱莉亚音乐学院的舞蹈课上认识了米里亚姆（Miriam），一位 75 岁的退休电脑专家，也是九个孩子的祖母。和这个班上的大多数学生一样，米里亚姆患有帕金森病。她于 2015 年 9 月确诊，回想起来，她意识到其实前一年春天就已经有了征兆。在曼哈顿的切尔西区社区的徒步旅行中，她一直没能跟上大部队的步伐。当时她告诉自己只是累了，而且天气比她预想中要热。后来她意识到，那其实是运动迟缓——帕金森病的早期征兆之一。几个月后，她去女儿家时，女儿就说：“妈，您怎么了？感觉您比上次我见您时老了 10 岁。”

米里亚姆的医生告诉她，运动是延缓病症恶化的最佳良药，并鼓励米里亚姆每天运动两个小时。“什么运动都行。”医生说，“只要你动起来就行。”米里亚姆开始在基督教青年会里上课。在一次健美操课上，教练离开教室去找人修理坏了的空调，但背景音乐没停，教练鼓励学员在她离开时继续运动。当百老汇经典的《阿根廷别为我哭泣》（*Don't Cry for Me Argentina*）响起时，米里亚姆也跟着一起唱。出乎意料的是，唱歌让动作变得更容易了。“我当时并没有在想‘现在脚要侧移’，”她说，“身体自然而然就动了。”

她一听说健康博览会上有针对帕金森病的舞蹈项目，第二天就报了名。从钢琴师开始弹奏《西区故事》（*West Side Story*）的那一刻起，她就知道她会爱上这个活动。上课时，她感到身体轻松自在。她是优美的，而不是笨拙的；她是高雅的，而不是呆滞的。她的身体对音乐的反应让她充满自信，不再那么谨慎而畏惧。“音乐触动了我。”她说。

在6月一个美丽的下午，我也参加了一次茱莉亚音乐学院的帕金森病舞蹈课。阳光透过落地窗照进舞蹈室。舞池是传统的橡胶健身地板，现在摆上了四圈塑料椅子。角落里摆着一架钢琴。参与者陆续到达，他们把助行器和手杖放在芭蕾把杆下，或者把他们的轮椅推进椅子圈的开口处。许多人都脱了鞋，准备光脚或者穿着袜子下舞池。随着一段戏剧性的钢琴和弦，课程开始了。

教练朱莉·沃登（Julie Worden）是一名专业舞者，曾在马克·莫里斯舞蹈团里表演过18年。沃登先带领我们热身，之前舞蹈团也是用这套动作帮大家消除表演前的紧张。我们跟她做着面部动作，活动着脸部肌肉、口腔、前额还有眼睛。我们还会发出声音。

我们确实放松了。坐在座位上，我们唱着《奇异恩典》(*Amazing Grace*)，但不是唱出歌词，而是哼唱。我们咿咿呀呀地哼着旋律。“让音乐在你体内流动。”沃登对我们说。

我们学了一段改编的马克·莫里斯经典舞蹈。沃登解释了每段的要点，强调了音乐和情感激发的表达力。我们虽然只是坐在椅子上，向左侧伸出一只脚，而不是真的跳跃起来踮着脚滑过舞池，但这并不意味着我们的动作就没有艺术性、目的性或美感。沃登坚持要我们伸展双手，就像专业舞者优雅的手位练习。热身后，能站起来的人都要站起来。我们跟着钢琴师不断变换的节奏，绕着椅子跳恰恰舞。“跟上音乐！”沃登鼓励我们。我们认真听着音乐，让音乐指引我们。随着时而忧郁时而性感的节奏，我们的脚步变快，然后又放慢，欢快地摇摆臀部。

最后，助手帮我们把椅子挪到靠墙的位置。我们开始在地板上走动，挥舞双臂，迈着大步。这时大家的动作与刚刚来到教室时相比，差异巨大，这一点让我深深着迷。许多舞者在课程开始前，在椅子上连坐都坐不稳。现在那种小心翼翼的迟缓已经不见了，取而代之的是自由的跨步。就像在第一支钢琴和弦响起前，他们的身体还是没有拧上发条的玩具。而现在发条已经上紧，他们的身体被蓄势待发的能量驱动着。

在最后一支舞蹈中，学员们组成两个大圈，一个朝左、一个朝右地转动。我们要和经过身边的每个人握手、微笑。在这里，实用主义胜过了美学。有时握手和微笑要多花些时间，整个圈子就会停下来等待。有些学员的轮椅不方便移动，我们还会绕些路转圈。有一位女性让助手扶着胳膊，好和每个经过她身边的舞者对视并握手。当我们互相问候时，感觉好像整堂课都在为这一刻努力。

在我参加这堂课的几个月后，某天当我在研究音乐的神经科学时，我突然想起了从右到左和每个人握手微笑的场景。运动是展示自我的最基本形式，包含了讲话、面部表情和姿势。我们用身体诠释内心——思想、情感、欲望——的状态，最后以别人能理解的形式展示出来。

行走缓慢和颤抖是帕金森病最明显、最常见的症状，此外还有一些微小的变化，比如表达情感的能力也会受到影响。面部表情和步行或者跑步一样，是一个需要许多肌肉协同合作的运动。一个真诚的微笑需要十几块肌肉协同，才能扬起嘴角，弯起眼睛，展现笑容。这些动作和其他动作一样，都会被帕金森病干扰，形成所谓的面具脸症状：就像在患者脸上戴上了石膏面具，掩盖了他们的真实情感，给人一种一成不变、略微不满的印象。面具脸总会给人一种冷漠、困惑的错觉，导致其他人认为帕金森病患者不那么聪明，情绪不佳又易怒，不适合作为社交伙伴。

我们需要丰富、持续的表情来向外界传达我们的内心世界。帕金森病麻痹了面部动作，失去动作的人们也就变得孤立。音乐不仅能帮助帕金森病患者改善走路的状态，也能唤醒表达情绪、建立情感联系的肌肉。音乐能激发人们自发的情感表达。当你听到欢快的音乐，颧大肌——也就是能让人嘴角上扬的肌肉——会反射性地收缩，类似于膝跳反射。

这种反射性的表情之所以会出现，部分原因是音乐所传达的情感具有感染力。音乐能激活大脑的镜像神经元系统，帮助我们识别并理解别人的想法和感受。镜像神经元感知并编译由声音、肢体语言和手势传达的情感。我们想和他人建立情感联系时，这些神经元会控制我们无意识的模仿能力。他人向你微笑时，你也会报以微笑。别人真诚地大笑，也会引得你一起大笑，以紧紧的握手或温暖的拥抱回报。就像情感表达一样，自发模仿也会受到帕金森病的影响，从而形成另一种社交障碍。音乐和舞蹈能帮助患者打破这一障碍。2011 年，在德国弗莱堡进行的一项研究表明，每周的帕金森病舞蹈课有助于减弱面具脸症状，增进情绪表达。

我在茱莉亚音乐学院体验的课程，最后以学员手拉手围成一圈结束。我们的教练解释说，这个结尾叫作“传递快乐”。舞者们要一个接一个地通过肢体语言、面部表情或声音表达快乐，然后传给下一个人，请他们接着表达。我们伴着传遍教室的快乐，微笑、尖叫、抛飞吻、挥舞手臂、扬头、拍手、晃动肩膀。轮到我时，我像小狗一样摇着“尾巴”。我们一起大笑。每位舞者表演时，都会感到被认可和接纳。当快乐传遍了整个舞团之后，我们会向自己右边的舞者鞠躬表示感谢和尊重。

那个下午，大家除了感受快乐，还和别人表达、分享了快乐，这是音乐最宝贵的礼物。音乐能激励我们感受、表达和建立情感联结。钢琴的和弦点燃了贯穿神经系统的神经元，让休眠的肌肉纤维燃烧起来。僵硬的身体变软了，伸展成为快乐的化身——有时是挥舞的姿态、仰着的头、高举的双臂，有时候是些更微妙的动作，比如嘴角的上扬。

我对舞蹈的热爱是从母亲那儿传承下来的。我外祖父参加了“二战”，先是驻扎在法国，接着是德国。后来，他在捷克斯洛伐克等待被派往日本时，战争结束了。回到家后，他想去神学院进修，成为一名牧师。最终他选择了为美国邮政工作，为雷丁铁路公司开夜车，在费城与纽约之间运送邮件。他总是说，他的决定其实只有一个理由：他不想放弃在汤米和吉米·多西（Tommy and Jimmy Dorsey）大乐队的音乐里跳舞的机会。

1946 年 12 月，他在费城瓦格纳舞厅认识了我的外祖母。他看到她一个人站在一旁，于是跟她说应该选个好位置，这样才会有人邀请她跳舞。她接受了他的意见，一晚上和许多士兵跳了吉特巴舞。外祖父等到最后一支曲子才去邀请她，那是由欧文·柏林（Irving Berlin）的《永远》（*Always*）伴奏的一支狐步舞。接着，他陪她走到了百老汇地铁站，问她下个周末还能不能在舞厅见面。

结婚后，他们一起共度的最快乐时光之一，便是费城邮局员工的年度晚宴舞会。外祖父最爱讲的故事，就是 1960 年，他是邮局同事里唯一一个敢于尝试恰比切克（Chubby Checker）的《转变》（*The Twist*）的新舞步的人。我妈妈和舅舅出生后，他每天上两班：下午四点到午夜十二点在邮局整理邮件，接着凌晨一点到五点送报纸。上第一班之前，他总会在客厅的地板上躺一会儿，脑袋朝着音响，听他最喜欢的唱片。我母亲放学回家总会看到他躺在地板上，还以为他在睡觉。母亲长大后，他告诉她那是他应对慢性头痛的方式。音乐能缓解一些疼痛。

外祖父退休后和外祖母离开了费城东北部的小公寓，搬去了新泽西州的一处休闲农场，他成为退休社区月度舞会的主席。他负责选择歌曲，而外祖母则会去旧货店为每次的舞蹈淘礼服。外祖父管理了舞会很多年，直到一次复杂的髋关节置换术让外祖母失去单独行动的能力。

外祖母在 2007 年去世，外祖父的心脏也日渐衰弱，走路都变得困难。他大部分时间都待在家里，坐在同一把椅子上。有天他出门取信，结果滑倒在门口，在地上躺了好几个小时才被邻居发现。每周日他去教堂做弥撒，总是担忧从座位走向牧师的这段距离，担心他会在领圣餐的路上摔倒。因为心脏和肾脏衰竭，他已经被抢救了三次。每次医生都告诉我们没有希望了，母亲甚至请了牧师去医院，陪伴他走最后一程。但他的心脏就是拒绝休息。“上帝愿意的时候才会带我走。”他总这样说。

在他第三次住院的两周后，母亲听说费城的一支弦乐队要在退休社区表演。她问外祖父想不想去，外祖父答应了。活动就在外祖父当过舞会主席的舞厅举办。他坚持要用助行器前往，而不坐轮椅。母亲担心靠助行器行走太累，会导致他的心脏再次衰竭。

弦乐队演奏了很多支他熟悉的曲目，还邀请观众一起唱。母亲发现，外祖父的表情出现了变化。“最后那几年，他从来没提起过身体上的痛苦，”母亲回忆道，“但他的表情总是很痛苦。”而那一刻，那种痛苦消失了。当乐队开始演奏一首很流行的游行歌曲时，外祖父从座位上站了起来，让母亲大吃一惊的是，他没有用助行器就走到了走廊里。他的双手高高举起，踮着脚慢慢转圈。很快有其他老人也加入进来，不久，走廊里就站满了人，外祖父带着他们一起跳舞。母亲简直不敢相信眼前的一幕。“当时我在发抖，我的心怦怦直跳。他那么虚弱、那么脆弱。”她回忆道，“我觉得他肯定会晕倒。我以为他会倒在我面前。”那一曲结束时，我的外祖父微笑着坐在我母亲旁边。他什么也没说，只是享受剩下的表演。几个月后，外祖父去世了，那是他最后一次跳舞。

很多年后，母亲和我仍然对那一刻感到惊奇。当时我不在，但我能想象得到。我请母亲讲了更多的细节。那是什么曲子？他当时什么样？我一遍一遍地问她：“你觉得是怎么回事？”“我觉得怎么回事？”母亲重复道，每次听起来都很困惑，“我不知道。”我能听出她回想那惊人的一刻时，语气里的那种惊奇。“我觉得音乐激发了他的某些东西。”她最后说，“那一刻，他毫无畏惧。”

音乐对我们的驱动力简直像魔法一样，它能创造奇迹。1991年8月，在美国参议院老龄问题特别委员会的听证会上，神经学家奥立弗·萨克斯讲述了一个女人的故事，她的腿因为一次严重骨折而完全瘫痪。医生认为她的腿部肌肉和脊椎之间没有任何联系了，所有现象都表明她的大脑已经无法感知或者控制她的腿。然而在听到一首爱尔兰舞曲时，她的脚跟着节奏轻轻抖动起来。医生无法解释这一奇特的现象，通过音乐治疗，她学会了重新行走，甚至能跳舞。

音乐能触动人心，激发最原始的自我。正如年轻的弗吉尼亚·伍尔夫（Virginia Woolf）在1903年的一篇日记中所写的那样：“它激起了一种原始本能——在我们清醒的生活中沉睡——几百年的文明在一瞬间被遗忘，我们屈从于那种让你想疯狂地在房间里转圈的奇怪冲动。”即使身体无法做到，那种被触动的感受也不会消失。一项针对患有慢性疼痛的女性的研究中，有一位女性描述了音乐的治疗作用。“哪怕我只是躺在沙发上什么都不做，只是听音乐，我身体里也有什么在运动着。我能感觉到肌肉在移动……感觉就像音乐流过了我的身体……我好像成了一名音乐家。我能体会到吹长笛奏出乐曲是什么感觉。”

音乐还能帮助我们打通回忆。我们听到某首歌，就会想起某个时刻、某个地点、某种感觉。一位女性跟我讲起她16岁时学习滑雪的事，那年她第一次接触甲壳虫乐队（The Beatles）。她记得自己从山顶滑翔而下，嘴里哼着《佩珀中士寂寞的心俱乐部乐队》(*Pepper's Lonely Hearts Club Band*)专辑里的歌。直到今天，那些歌曲还会让她想起掌握某个陡坡急弯时快乐的一刻。乔什·怀特(Josh White)是一位猫王模仿者，他经常去全美各地的老年疗养中心探望老人，他见过无法交流甚至昏迷的患者在听到特定的歌曲时身体做出反应。他们睁开眼睛，眼神也变得明亮，有时候他们还会跟唱。“即使大脑真的已经衰退，”他说，“他们仍然记得自己最喜欢的歌。”

只要你允许自己被音乐触动，你的神经系统中就会留下一条通路，当你再次听到那首歌时，这条通路能再次唤起快乐。我选择跳舞这条路时就知道，我正在打造快乐的肌肉记忆，让未来的我能被更多的歌曲触动。伯尼·萨拉查(Bernie Salazar)是芝加哥一位39岁的父亲，他跟我讲起了他和女儿的舞会。他女儿最喜欢的歌曲是法瑞尔·威廉姆斯的《快乐》(*Happy*)和电影《欢乐好声音》(*Sing*)里的《甩甩甩》(*Shake It Off*)。“就像有道光照在她身上，照在我们身上，我们仿佛在属于自己的快乐力场里。就算是迪斯科舞厅的灯球，也比不上那一刻我家客厅的灯光。”他说，“我跑过三次马拉松，还有四次半程马拉松，但我从来没有像和孩子一起跳舞时那么兴奋。”他女儿已经到了可以拿着自己的玩具手机走到他身边的年纪，对他说“还要还要还要”，让他继续放音乐和自己跳舞。最近，她甚至想在超市里跳舞。“她想在超市里跳舞也没关系，只要她想，我就当场陪她跳。”他跟我说。他很清楚自己一定不会忘记这些他想留下的珍贵回忆。“过去的伯尼肯定会说：‘不能这样，身边的人会怎么想？’其他人不会记得这一刻，而你一旦错过这一刻，就没有机会了。”

据我母亲说，我的外祖父母经常对唱《永远》，1946 年，他们相识时就是伴着这首歌跳的舞。那是一个仪式，一种回忆的方式。我从来没亲眼见过。写到这一章的时候，我去查找了这首歌，找到了 1947 年法兰克·辛纳屈（Frank Sinatra）唱的一个版本，听到了深夜。在我第一次听到这首歌时，我想，怪不得他们结婚了。当你把一个人拥在怀里，配着这首歌跳舞时，怎能不爱上对方？这首歌是 1925 年欧文·柏林写下来送给妻子的结婚礼物。歌词中，他承诺会永远陪伴她，不是一天或者一年，而是永远。我的外祖父母第一次跳舞时，或许还不知道，这首歌就是他们一辈子的爱情故事。

我被这首歌深深地触动了，我叫醒了我的丈夫，把他从床上拽起来。我们光着脚在地板上跳舞，我的头靠在他胸前，创造了一段新的回忆，也仿佛回到了过去。

THE
JOY OF
MOVEMENT

05

克服障碍：

如何突破能力界限

运动对我们最大的影响，就是通过改变内心深处的故事来改变我们。

“凡是能让你逼自己一把，并且最终成功越过障碍的经历，都能给你增加一份自信。这份自信可以一直延续下去，再遇到逆境时也可以重新被唤起。你能逼自己走多远？极限在哪里？你会意识到，自己没有极限。”

凯茜·梅里菲尔德（Cathy Merrifield）站在 12 英尺高的跳台边上，望向下面的一片泥泞。这是她第一次参加“强悍泥人”障碍赛，这位 44 岁有四个孩子的母亲正等着轮到她。她用胶带把鞋粘在脚上，以确保鞋子不会掉落。旁边的救生员时刻待命。许多人已经跳了下去，有她的朋友也有陌生人，他们都在下面为她鼓劲。她的男朋友站在边线旁，拿着相机准备记录她跳下来的那一刻。她跟朋友说好，数到“三”一起跳，但数到了“三”，她的脚又动不了了。她低头向下看，地面看起来异常遥远。她的胃像打了个结，她连气也不敢喘了。这是她最害怕的障碍，她不知道自己能不能克服。

梅里菲尔德 8 岁时，母亲带她去当地的基督教青年协会上游泳课。有一次，大家排队练跳水，轮到梅里菲尔德时，她在跳板上僵住了，不敢跳下去。她想转身回去，但教练上来了，挡住了她的退路，威胁说要把她推下去。她没有别的选择，只好跳下去，入水时还被呛到了。虽然这节课已经过去了差不多 40 年，但当年的恐惧依旧历历在目。“我还记得那种不得不跳的感觉，没有选择。那是一种即使我不想跳也不得不跳的恐惧。”而站在“强悍泥人”跳台上的她有机会改写自己的经历。这回，跳不跳完全取决于她自己。她捏住鼻子，闭上眼睛，跳了下去。

我们用来形容勇气的词语，许多都是在描述身体动作。比如说克服障碍，冲破屏障，穿过烈火；又如肩负重任，寻求帮助，并互相扶持。这就是人类谈论勇气和顽强的方式。我们在面对逆境或自我怀疑时，用身体去感受这些行为会有所帮助。有时我们真的需要翻越一座高山，让自己振作起来；或是共同承担重任，去领会这些词语所描述的特质是我们的一部分。大脑会本能地给行为赋予意义，接受赋予这些动作的象征意义，你便可以完完全全地感觉到你内在的力量和它们给你的支持。

人类很擅长讲故事，而我们的故事塑造了我们对自己和世界的看法。运动对我们最大的影响，就是通过改变内心深处的故事来改变我们。无论是跳入泥塘、学会倒立，还是举起超乎想象的重物，身体上取得的成就能够改变你对自己及自己能力的认识。不要低估这种突破的重要性。20 岁出头的阿拉利亚 · 明 · 塞内拉特（Araliya Ming Senerat）生活在一个远离家人朋友的城市，工作不顺心，过得很抑郁。她制订了一个自杀计划，就在她准备行动的那天，她去健身房健了一次身。她硬拉了 185 磅，超越了自己的极限。放下杠铃的时候，她意识到自己不想死。她回忆说："我想看看自己能有多强壮。"五年后，她可以硬拉 300 磅的重量。

我第一次知道“强悍泥人”——长达10英里的障碍赛，被人称为“世界上最艰难的比赛”——是一位心理系的学生告诉我的，他对这个项目给他带来的乐趣赞不绝口。他还给了我一个优惠码，说我要是有兴趣可以试一试。我在网上查了下，看到许多障碍赛的照片，比如蟒蛇、战壕、地狱之梯等。然后我就想，算了吧，不可能，我绝对不要去。我对“强悍泥人”——有释放模拟催泪瓦斯的隧道，还有着火的滑梯——的第一印象是，这是一个给受虐狂证明自己耐受能力的游乐场。很多人都有这种想法，记者丽兹·韦迪科比（Lizzie Widdicombe）将其比作男孩们的成人礼，“如果能把手伸进满是咬人蚁的手套里待几分钟不叫出来，就能正式成为男人”。我在读到相关报道，并与完成挑战的人交谈之后，我发现很多人都将其描述为发现、赋能甚至是救赎之旅。人们在这里克服了障碍，并借此改变了自己的一生。

我想对挑战过程有个更好的了解，于是联系了诺兰·孔博尔（Nolan Kombol），他是障碍赛的总设计师。孔博尔在华盛顿州克洛附近的一个农场里长大，小时候经常被防牲畜护栏电击，正是这段经历让他设计出了“强悍泥人”中“臭名昭著”的障碍“电击疗法”——使用的就是带电的牛栅栏线。孔博尔解释说，当设计团队构思新的障碍时，不会去想“怎么让人受伤”，而是在想如何创造一个人们在事后愿意分享的故事。表面上看也许是“我穿过了电网”，但更深层的故事是“我做到了原以为不可能的事”。

设计师在设计障碍时，面向的是各种恐惧，比如幽闭恐惧、恐高、恐黑，或者怕脏。他们的原则是激起你足够的恐惧，但刚好能让你鼓起勇气完成挑战。设计团队在一开始就意识到恐惧和畏惧不同，区分这一点非常重要。恐惧是预期的害怕，或者预期某事会很糟糕；畏惧则是切实经历了可怕的体验。“强悍泥人”的障碍设计原则是多恐惧，少畏惧。以这个标准衡量的话，在 2011 年宾夕法尼亚州的一次挑战中第一次亮相的一项障碍，则是一次彻底的失败。那项挑战是吃哈瓦那辣椒。听起来可以作为一个很好的故事，设计团队认为人们肯定会把这项挑战当作精彩时刻来回忆：我吃了很辣的辣椒！实际上，挑战者在参赛过程中根本没时间思考，团队也低估了辣椒的威力。大多数挑战者都是直接把辣椒放进嘴里，然后接着向前跑。“恐惧成分很少，畏惧成分太多了。”孔博尔回忆说。设计团队吸取了教训，他们想进一步加大恐惧和畏惧之间的差别。（他们会先在公司员工身上测试新的障碍。）在测试新的障碍时，设计团队请人们分别对开始前和结束后的恐惧程度打分。他们希望能给参赛者打造把恐惧转化为胜利的体验，这样才能有英雄的感觉。

凯茜·梅里菲尔德站在 12 英尺高的跳台上进退维谷，面对的正是“强悍泥人”挑战赛中最重要的一部分：做决定。孔博尔的团队想让每个障碍都能让参赛者有“天哪，我就要这样做了！”的感觉。

他们希望参赛者停下来，思考一下自己要做的事情。来自洛杉矶的私教维克多·里维拉（Victor Rivera）在第一次参加“强悍泥人”活动，面对“极地震荡”——一个装满了8000磅冰的大垃圾箱时，对自己说：“你可以绕开，他们不会逼你的。”他在考虑要不要绕过时，意识到这个障碍也是一个比喻。“人生充满了岔路口，你要决定是向目标前进，还是面对逆境而放弃。”他决定宁可试一试，也不要在将来后悔错过。“即使之后的20分钟我都冻得像冰块一样，我还是很庆幸自己坚持蹚过了那些冰。我把这种精神代入举重、学业甚至养育孩子的经历中，”他说，“每次觉得自己到极限时，我知道我还可以再进一步。”

最能让“泥人们”驻足思考、犹豫的还是“电击疗法”，这是一个大约20英尺 ×40英尺的迷宫，由电线编成的帘子隔开。1万伏特的电流每分钟电击30次。迷宫没有墙，所以参赛者可以看到其他人在其中穿行，然后被电击的样子。很多人会在外面站着观察一会儿，然后再进去。“有人会在临进去时反悔，那绝对是恐惧。”孔博尔说，“你必须自己克服那座大山。”对大多数参赛者来说，“强悍泥人”的关键不在于现实中的种种障碍，而是心理上的障碍，而且这都是团队设计好的。“我们不希望人们说‘我去参加强悍泥人赛，站在传送带上，然后穿过许多电线’，这可能也是一种方法，”孔博尔说，“更希望人们说‘我面对这些障碍，思考究竟要不要进行下去’。你可以自己决定要不要去尝试。”

多年来，为了给大家留下深刻印象，“电击疗法”都是“强悍泥人”的最后一关。这道障碍与其他大多数障碍不同，因为它传递了恐惧。在这一关，你真的会被电击，而成功跨越这道障碍的泥人也会告诉你，真的很疼。为什么要把这道障碍放在英雄之旅的最后一段呢？我在思考设计者设计这道障碍的心思时，惊喜地发现这和实验室里对老鼠的电击实验非常相似。在这项研究中，实验人员会在老鼠尾巴上连接电极，或是在笼子底部放置电网。如果以不可预知又无法避免的方式电击老鼠，会导致老鼠出现抑郁、焦虑，或是创伤后应激障碍，这些老鼠对进食、与其他老鼠互动的兴趣也会减弱。出现一点儿声音，或是有一点儿威胁的迹象，它们就马上静止不动。知道自己没有任何办法免遭电击之后，在面对其他充满压力的环境时，它们也不会想办法改善自己的处境——这种现象叫作习得性无助。把老鼠扔进一桶水里，它们也不会游动，而是静静地沉入水底，这种现象被心理学家称为挫折反应。

有时，受惊吓的老鼠不会感到无助，甚至变得自信、勇敢。要逆转这种心理状态，关键是给老鼠掌控感——对任何事物的掌控感。比如某次实验中，实验人员给老鼠的尾巴接上电极后，将其放入一个转轮里。实验人员会持续电击老鼠，直到它跑起来。老鼠不能阻止新的电击，但它可以缩短电击持续的时间。这只老鼠没有变得抑郁或遭受精神创伤，反而在新的环境中变得更加勇敢，也更能适应未来的压力。

有些科研人员相信，通过可掌控的电击体验，老鼠与恐惧建立了不一样的联系。它们学到的不是“电击也没什么”，甚至也不是“转轮是个好东西”，它们学到的是“我能做些什么”。恐惧意味着行动，而不是停止。“强悍泥人”赛的参赛者经过“电击治疗”后，他们学到的不是“我喜欢被电击”或是“我能承受疼痛”，而是“我很勇敢”。凯茜·梅里菲尔德鼓起勇气从跳台跳入泥水中之后，学到的正是这一点。“凡是能让你逼自己一把，并且最终成功越过障碍的经历，都能给你增加一份自信。这份自信可以一直延续下去，再遇到逆境时也可以重新被唤起。你能逼自己走多远？极限在哪里？你会意识到，自己没有极限。”

“强悍泥人”中许多棘手的障碍都需要团队协作。“尼斯湖方块怪物”就需要八个人齐心协力，在游泳池里旋转巨大的障碍物，然后再爬上去。在“抓紧原木”中，各团队要扛着一根巨大的原木穿越诸多障碍，像是巴西土著部落进行的团体原木赛跑。“珠穆朗玛”是一条浇满了植物油或是洗洁精的大斜坡，当你沿着坡面向上跑时，已经到达坡顶的参与者要尽力拉住你，防止你滑下去。

“强悍泥人”早期的障碍并不太侧重团队合作。设计团队在看到参赛者们结伴应对未知的挑战时，决定引入这一元素。首席障碍设计师诺兰·孔博尔第一次见到参赛者们自发合作时，是在新泽西州的一场挑战赛上，参赛者们需要冲上一座 10 英尺高的泥山。那天早上下过雨，泥滑得像一层冰。没人能爬上那座山。参赛者们开始互相合作，脱下衣服系在一起，做成绳梯。成功之后，大家都互相拥抱击掌。“那种感觉真棒，超乎了我的想象。”孔博尔回忆说。那天临时出现的团队合作激发他设计出“金字塔阴谋”，这道障碍需要泥人们搭起人梯，翻过一堵斜墙。

事实证明，人们喜欢一起克服挑战，而要求团队合作的障碍也激发了参赛者内心深处隐藏的一面。“素不相识的人需要你的帮助，这是件严肃的事情，‘我抓住你了，我想帮助你’。接受帮助的人也很感激。这真的是意义重大。”孔博尔告诉我，“我花了很长时间观察应对这道障碍的人们，看他们在那一刻有多严肃认真。他们没有慌乱，而是‘我需要集中注意力’，于是就专注了起来。我观察到的人越多，就越喜欢继续观察，大家其实都很渴望陌生人之间的互动。”

孔博尔的描述让我想起在自然灾害后广为流传的故事——普通百姓不断帮助陌生人转移到安全地带，最后成为英雄的故事。这些榜样激励着我们，但也不禁让我们思考：我会成为那样的人吗？在那种情况下，我会超越大家的期望，成为英雄吗？我对孔博尔说，能发现自己心甘情愿地拉住陌生人的手，帮他翻过墙，这件事实在了不起。他表示同意，但又指出，这对接受帮助的人来说也意义重大。我们不仅需要相信自己能成为那样的人，还要相信身边存在这样的人。

西班牙有一个叫圣佩德罗曼里克的小村庄，每年都会有数千人聚集在这里，在午夜时观看当地居民赤脚行走在约677摄氏度的煤上。这类展示勇气的表演总是很激动人心。人们景仰在火上行走的人，不仅因为他能忍受疼痛，还因为他把心爱的人背在身上。成功完成后，人群会欢呼，家人和朋友都冲过来拥抱表演者。研究这项仪式的人分析了此时表演者表达出来的情感：行走在炭火上的人的脸上显示出决心，甚至痛苦，但在他背上他所爱的人的脸上则只有开心。“强悍泥人”这类挑战吸引人们的地方之一，就是我们也有机会成为英雄，而且我们还有被援助的机会——也许我们没意识到这点。让我们接受其他人的援助吧。

并非只有人类才会互相帮助。宽吻海豚会主动游到生病的海豚下面，将它托至水面上，帮助它呼吸。当塞舌尔莺的翅膀被种子粘住时，其他同类会过来帮忙把种子挑出来，好让它能继续飞翔。被白蚁攻击的蚂蚁，即使肢体被咬掉，同一蚁群的伙伴也会将其带回巢穴。动物在野外呼救，一般都会迎来同类的帮助：生病的海豚会短促地呼叫两声，被粘住的塞舌尔莺会发出警报似的颤音，受伤的蚂蚁会释放痛苦的信息素。但我们人类——习惯于隐藏自己的弱点或不管他人闲事——有时需要练习发出这种呼唤和做出回应：“我在这儿，我需要帮助。”“我来了，让我来帮你。”当这种英勇的施救行为在自然界中发生时，无论是对种群还是施救者个体来说，被救的对象通常具有更高的价值。不管是蚂蚁、鸟，还是海豚，其他同类来帮助你，是因为你很重要。或许，这一点也是“强悍泥人”赛这一类活动的乐趣所在：体会“我很重要”的感觉。我们在社交媒体上夸耀自己的活力——“我穿过了电网！”之后，我们心怀感激地记住的则是故事的另一面：我伸手求助时，有人帮助了我。

19 世纪初，哲学家托马斯·布朗（Thomas Brown）认为我们的肌肉组成了“感觉器官”，我们可以借此理解自己作为个体的行为。通过身体动作和肌肉的收缩，我们真的感知到了存在着、与世界互动着的“自己”。布朗认为差不多再过一个世纪，科学就能发现身体每做一个动作时，肌肉、韧带和关节处的感受器就会向大脑发送信号，告诉大脑发生了什么。因此，即使你闭上眼睛抬起手臂，你也能感受到手臂在移动，知道手臂具体在什么位置。你不需要看到发生了什么，你能感受到。

感知身体动作的能力，学名叫作“本体感受”，词根源自拉丁语“自己”和“掌握”。本体感受有时也叫作“第六感”，能帮我们娴熟地做出动作。神奇的是，第六感也在自我概念——你如何看待自己，以及你想象别人眼中的自己——中扮演着令人惊讶的重要角色。大脑中产生自我意识（这就是“我”）的区域，从你的肌肉、关节、心脏、肺、肠道，甚至耳内微小的晶体颤动接收信号，感知重力对你的作用。这些内在感觉对你的“自我”认识都有所贡献。从根源上来说，你对自己的认识源自身体发给你的信号。因为你的身体告诉你，这是你的手臂在伸展，这是你的腿在踢，这是你的脊椎在弯曲，这是你的心在跳。如果神经系统发生紊乱，本体感受会出现问题，你在看到自己挥动的手臂时，会以为这是陌生人的手臂。一位本体感受出现问题的患者写道："我的四肢完全失去了知觉……像是其他人的影子。"

本体感受对于构建自我认识的贡献，远不只认识自己的手臂。你的身体进行任何动作，如舞蹈、跑步、举重，你的这些运动的品质塑造了你每时每刻的自我感觉。你的动作很优雅，大脑就会感知到你修长的肢体、流畅的步伐，并意识到"我很优雅"。你的动作很有力，那么肌肉的剧烈收缩、动作的迅捷有力就会被大脑理解为"我很有力"。当你展示了强大的力量，大脑会感受到肌肉的抗力、韧带的张力，并得出结论"我很强壮"。这些感知都为"你是谁""你能做什么"提供了有力的数据支撑。我的双胞胎妹妹告诉我，她在跑步时最喜欢的就是"很难受的那一段"。看到我笑了，她解释说："这是很原始的感觉。我在做一件很艰难的事，依然坚持着。我很强悍。"

能展现自己另一面的运动，我们一般都很喜欢。帕梅拉·乔·约翰逊（Pamela Jo Johnson）从来就不喜欢锻炼，直到50岁那年，她在明尼阿波利斯当地一所小学的餐厅进行培训时发现了壶铃。约翰逊认为摆动壶铃是"最让我愉悦的运动"。约翰逊认为运动的准备动作与前戏很像。她双脚站稳，与臀部同宽，双手抓住44磅重的壶铃，手臂竖直向下。"双手紧握一个重物，让我感觉像是在挑战一个巨人。”她对我说。她髋部发力，身体前倾，扩张胸腔，肩膀后张，然后将壶铃从双腿间向后摆荡。她大呼一口气，核心肌肉群绷紧，双腿发力，再将壶铃向前、向上摆动。“这是一个非常简单的动作，但调动了全身的肌肉，需要力量、平衡和优雅。我感到了力量，心情很畅快。”

和我聊过之后一个月，约翰逊在脸书上发了一张照片，照片中一棵被雷劈倒的树挡住了两条车道。约翰逊当时正坐出租车去机场，她前面的车正在掉头。“我和出租车司机决定去前面看看能不能把那棵树挪开。”她写道。还有两名妇女和四名男子与他们一起移树。我看到这张照片时，脑海中马上就浮现了约翰逊摆荡壶铃的样子。每当做这个动作时，她的力量感贯穿了她的自我认知。如果你感觉自己很强大，那你看待障碍的方式也会发生变化。如果没有练习过壶铃，约翰逊会觉得自己可以移动大树吗？我给她发了条短信，问她两者之间有没有联系。“看到路中间的树时，我觉得自己无坚不摧。”她回复说。一见到倒下的树，她的神经系统似乎就自动回忆起摆荡44磅重的壶铃时产生的畅快感，让她回想起自己有挑战巨人的能力。

如果你的脑海中有个声音在说“你太老了，太笨拙了，太胖了，太弱了”，身体上的动作就能有力地反驳这些说法。即使是根深蒂固的自我认识，也能被直接的身体活动改变，新的感知会取代旧的回忆和故事。力量训练师劳拉·寇达利（Laura Khoudari）经常接触有过心理创伤的人，她观察后说道：“我见过不少女性，她们一直都觉得自己很渺小，不仅因为身材，还因为她们所处的环境。后来她们都举起了自己从前不敢想象的重量，走出健身房时感觉又多了一点儿力量……举起自己不敢想象的重量，真的会让你认为自己的能力可以超出自己的期望。”

凯蒂·诺里斯（Katie Norris）是一位牧师，也是综合健身教练，她从“运载同伴”这一运动中得到了启示。运载同伴就是扛着或背着另一个人向前跑（综合健身训练很受消防队员、应急救援人员和军人的欢迎，对他们来说，这项运动非常实用）。诺里斯在自己居住的俄亥俄州克利夫兰参加了综合健身之后，每次遇到运载同伴的训练，她就躲起来找个沙袋练习。“我以为自己根本做不到，所以试都不会试。”她不仅担心自己力量不足，还担心会与其他人发生身体接触。“有一部分原因是社会对女性形象的固有认识。我向来不符合那个形象。我比别人矮，比别人胖，而且爱出汗。我为自己的身体感到羞耻。”

训练一段时间后，诺里斯变得强壮了，也学会了新的技能，她决定试着走出自己的舒适区。她的丈夫和儿子也加入了，经常跟她一起在健身房训练。他们搬到加州里士满之后，她又找了另一家综合健身训练场馆，但七年来，她从未试过运载同伴。在她的脑海里，这项运动是禁区，是不可能的。后来有一年夏天，在沙滩上举行了一期训练班，其中一项内容就是 50 米的运载同伴。她的丈夫与她结伴，诺里斯想，地上只有沙子，就算把他摔下去，问题也不会太大。她跟自己说要倾听自己内心的声音，而不是听脑海里那些固有的成见，比如她的身体哪里不好，或是她能做什么、不能做什么。她背起丈夫之后，深吸一口气，绷紧核心肌肉群，向前跑了出去。丈夫的双臂环绕在她胸前，她则用力握着他的双臂，她背着他跑过沙滩。当时，她 12 岁的儿子给他们拍了张照片，照片里，诺里斯的神情非常坚定，像是圣佩德罗曼里克那些在火上行走的人一样。

她冲过 50 米的终点线后，大吃一惊。“那一刻很奇怪，虽然我背着人，却感觉自己的负担轻了许多，”她对我说，“我以为会发生的坏事，我以为自己做不到的想法，在那时都消失了。我有种如释重负的感觉，也感觉很骄傲。”之后，诺里斯又和陌生人做了运载同伴的训练，她认为这项运动既鼓舞人心又让人谦卑。“我是一名牧师，我会从宗教的角度看待问题。有人信任你，让你背他，这是一种荣誉。我感到有种深深的责任感。这让我有点儿紧张，但也让我觉得自己很有力。”

诺里斯在突破自我的过程中发生的变化，激励她成了一名综合健身训练教练。“对我来说，做牧师意味着帮助人们活出完全的自我，寻找自己的生命轨迹。而运动有一个深刻的过程，就是探索自我——心理上的、情感上的、身体上的，以及与宇宙的关系。”最近，诺里斯在训练一位女性学员进行硬拉——就是将杠铃提起再放下。这个动作看起来很简单，却也会令人望而却步。人们经常要给自己打很久的气，才敢上前举几下杠铃。在一个力量训练论坛上，有一名举重运动员说自己站在杠铃前时非常平静，但一碰到杠铃，心就开始剧烈跳动，进入“战斗或逃跑”模式。诺里斯在指导这位女性学员进行硬拉时，她注意到学员的表情和身体动作中流露出恐惧的迹象。诺里斯之前发现，这位学员有一个习惯，在感觉脆弱时会用双臂抱住自己的腹部，但硬拉时可没法这样做。因此她跟学员好好聊了一下该如何绷紧核心肌肉群，她第一次进行运载同伴时也是这样做的。然后她鼓励那位学员把这种身体动作看作一种支持自己的方式。“想象你的核心肌肉群，就像你的手臂环绕着你的腹部。”这个小技巧奏效了，这位学员将杠铃举起又放下后，她的肌肉记忆里也有了对内在力量和自我关怀的全新认识。

我记得我 20 多岁时，也有过类似的发现。当时我在做瑜伽动作，这个动作需要先跪在垫子上，双手在胸前合十，然后上身缓缓向后仰，直到头顶触到身后的地面。对于像我这样随时都想知道发生了什么的人来说，这种“盲目”的动作非常吓人。如果肌肉没有控制好，头就会撞向地面。我一般会避开这类风险，但这个动作的准备姿势还是抓住了我。这种感觉像是“信任后摔”，只不过我要信任的人是自己。而能接住我的，是我自己的力量。

我练习了差不多一年，才能做出这个动作。有很长一段时间，为保险起见，我都要请人站在我身前，扶住我的髋部。而当我终于只靠自己完成这个动作后，我感觉自己变了样，我愿意全心全意地投入未知的冒险了。那差不多已经是 20 年前的事了，我依然记得向后仰去，敞开心扉，感受自己力量的感觉。我的身体发生了改变，练习瑜伽的方式也变了。我有许多年没练过这个动作了，我不知道现在还能不能做到，但那种记忆、那种感觉，还有学到的经验一直在我脑海里。

在弗吉尼亚州费尔法克斯的 DPI 适应性健身中心，你首先就会注意到“伟大之墙”。这堵墙横跨约 120 平方米的健身房，写满了各种各样的励志短语，比如“相信就能做到”“先不要放弃”“三次全中，再来一次”。DPI 面向所有人开放，这里的特色是训练活动有障碍的人士。这里的许多人都曾有过中风、脊椎损伤或截肢的经历。健身房内的氛围，说得直白点儿，就是霸气十足。在这里，经常能看到脑瘫的男孩对着沙袋练拳击，两名女性坐在轮椅上练习拔河，或是戴着助行器的男性拖着轮胎前进。训练师大喊着“上！”和“继续！”，加油的声音和流行、嘻哈风的健身曲目混合在一起。房间中央的一根柱子上，有人用粉笔写下了这样一句话：“我不出汗，我只出色！”

DPI 的拥有者和创始人叫德文·帕勒莫（Devon Palermo），现年 38 岁，剃着寸头，身材健硕，像一个新兵教官。他跟我聊起了伟大之墙。“我们搬进来的时候，我希望这里能展示人们的卓越成就。”他说，“新的成员加入时，我们会告诉他，如果你愿意付出努力，我们会给你设置一些很难的挑战，一到两次课是无法完成的。完成这个目标，你就能把自己的名字留在墙上，还可以写一句励志短语，激励其他人。”

我对这些励志短语背后的故事很感兴趣。我问帕勒莫还记得每个上墙的人都做了什么吗？他绽放了微笑：“每个人的故事我都记得。”他指着“燃下去！”说，这个是鲁斯（Ruth）女士写的，她50多岁时中了风。她在接受理疗之后开始在DPI健身，她和教练将目标定为增强腿部力量，以提高平衡能力，改进步态。想在伟大之墙上留名，她得在深蹲机上完成500个深蹲。“一次做完吗？”我问。“是的，”帕勒莫说，“后来，她能一口气做1000个。”

研究表明，高强度的训练可以显著改善创伤或中风对身体的影响，甚至在创伤初期。“你需要确保安全，但也需要别人推你一把。”帕勒莫解释说。35岁的乔安娜·伯尼拉（Joanna Bonilla）也经常去DPI健身。2012年4月1日，她醒来后感觉背部疼痛无比。她患有红斑狼疮——一种免疫缺陷疾病，她的关节本就经常疼痛。那天，她的后背疼到无法走路。伯尼拉的母亲说服她尽快去看急诊，值班医生给她打了类固醇，然后把她送到了医院。她做了核磁共振后，发现脊椎出现了病变。做核磁共振时她的腿还有感觉，但检查结束后，她腰部以下已经完全麻木了。

几个月的时间里，伯尼拉不是在医院，就是在卧床休息，还要做化疗、输血和做血液透析。这些都没有什么用，而失去行动能力又那么让人绝望。“我什么都做不了，”她回忆道，“我的身体背叛了我。在人生的巅峰时刻，它让我失望了。我的双腿也放弃了我。我就是这种感受。”经过12周的康复治疗和学会使用轮椅之后，她的理疗师介绍她认识了帕勒莫。“那是我所遇到的最美好的事，”她说，“在理疗过程中，抬起脚趾就算是进步了。而在健身房，我举起了130磅的杠铃。看到努力的结果，我感觉很好。我可以控制自己的身体了。帕勒莫帮我远离了许多人都会落入的黑暗地带——抑郁。”帕勒莫鼓励伯尼拉设定更大的目标，比如再次开车。要做到这点，她得增强上身力量，好将自己从轮椅挪到车上。“我觉得那是不可能的，”伯尼拉回忆道，“德文说三个月就能变成可能，而三个月之后，我真的坐到了车上。”

她的训练还包括拳击。为了“登上”伟大之墙，她在与帕勒莫训练时，必须30秒之内击出100拳。“我从没想过自己能打拳击。30秒内打出100拳可不是谁都能做到的，”她对我说，“在那30秒中，你可以选择放弃，或者忍受着手臂和肩膀肌肉的灼烧感而继续出拳。这种感觉很好。”伯尼拉写在墙上的励志短语是“不要放弃！”，她曾在她瘫痪之前去的那个健身房里看到过这句话。“之前我看到并没有什么感觉。现在它对我有意义了。”

她的下一个目标是佩戴腿部支架行走，之前她觉得这比重新开车还更不可能实现。我问伯尼拉，六年之后重拾走路的希望是什么感觉。“我从没想到自己能到这步，”她说，“以我当时的病情，是不可能抬起腿或是佩戴腿部支架走路的。他们不理解我是怎么做到的，但我就是做到了。”为做好佩戴腿部支架的准备，她开始练习自己的核心力量，帕勒莫还给她安排了引体向上的挑战。作为美国海军陆战队体能测试的一部分，女海军陆战队员必须能够连续完成至少 10 个引体向上才能获得最高分，而男兵则至少要连续做 23 个。伯尼拉的目标是 100 个。“我要是想继续行走，腹肌和手臂一定要有力。”她对我说。有时，她在练习引体向上时，帕勒莫会让她试试能否撑住不动，这让她想起自己小时候在游乐场玩耍的经历。“我撑在上面的时候会想到自己的腿。我假装自己在蹬腿，因为我记得自己小时候就喜欢这样。我不再对自己的身体感到气恼了。我对自己的腿说：‘你歇一会儿吧，没关系。但我们一定要完成目标。’”

1825 年，诗人塞缪尔·泰勒·柯勒律治（Samuel Taylor Coleridge）写道：“没有目标的希望无法长存。”现代心理学家也得出了类似的结论：人类渴望具体的目标，在追寻特定目标的过程中茁壮成长。C.R. 施耐德（C. R. Snyder）对希望做了严谨的科学分析，他发现这种心理状态——我们面对生活中的障碍时，这种思维状态至关重要——需要三个条件。首先，是明确的目标，即希望可以寄托的对象；其次，是实现目标的途径，一定要有你可以采取的步骤；再次，相信自己有能力走下去，你要相信自己内在的能力，也有条件一步步地迈向目标。

DPI 适应性健身像是一个希望的孵化器。这里的学员会定下有意义的目标，比如有能力再次开车或是走路。训练师则会为他们设定具体的目标，规划实现的路径，比如连做多少个深蹲或是引体向上，帮学员训练出足够的力量或耐力。而训练环境，从背景音乐到教练的态度，都以增强学员的信心为重，让他们相信自己能达到目标。学员们每取得一项成就，教练都会提醒他们。“在开放的健身课上，学员能看到其他人走路更稳健，或是能做到一些之前做不到的事情，学员总会告诉教练自己所看到的。”帕勒莫说，“我会对他们说：‘告诉他们你都看到了什么！’”教练也会记录成功的瞬间，这样学员就可以分享和庆祝胜利。帕勒莫在乔安娜·伯尼拉完成拳击挑战的时候，坚持要拍一段视频。他希望伯尼拉之后也能看到这段经历，并且分享给他人，让他们看看自己有多厉害。“我不是一个喜欢庆祝和炒作的人，”伯尼拉对我说，“他录下那一段之后，我才理解那个成就有多了不起。”

DPI 还会邀请学员的家人和朋友一起来锻炼，这样锻炼效果更好，更有意义。仅仅是爱人的出现，就能改变你对身体挑战和自己能力的认知。有项研究表明，有朋友相伴时，山就显得不那么陡了。2007 年，一篇医学文章记录了一位 65 岁的帕金森患者的病例，他走不了几步就会失去平衡。他居住在以色列北部一片经常被火箭筒和迫击炮轰炸的区域，警报响起时，他没法跑到安全地带。然而，在一次袭击中，他妻子和他在一起，当他从椅子上站起来时，妻子抓住了他的胳膊。在那一刻，他发现自己不但能走，还能跑。神经学家认为并不是情况的紧迫性让他能行动，而是他可以追随他妻子的脚步。

DPI 邀请学员的家人、朋友前来还有一个好处：你每次的胜利都有重要的人见证。看到他们为你的成就喝彩，这份成就的意义更加深远。伟大之墙上那句“相信就能做到”的作者安德烈（André），他是在脑损伤和中风后来到 DPI 的，当时他只能缓慢地行走。有时，他从附近的停车场走到门口就要花 10 分钟。帕勒莫给安德烈定了一个雄心勃勃的挑战，让他用力量较弱的腿单腿站立 5 分钟，以锻炼他的下肢力量。安德烈第一次尝试的时候，根本站不稳。但他的耐力逐渐增强，他的妻子也经常在身边鼓励他。当安德烈真的单腿站立超过 5 分钟，并把自己的励志短语写在伟大之墙上时，她见证了这一切，并为他庆祝。

DPI 学员所面对的体能挑战实在是令人印象深刻，每一场胜利都让人惊叹不已。就像征服“强悍泥人”障碍赛一样，你可以把这段经历讲给别人，或是拍成图片和视频传到社交网站上，这是你完全有理由吹嘘的成就。一位患有脑动脉瘤的女性学员最近在练习推拉雪橇，希望最终能推动和自己体重差不多的重量。她达到这个目标之后，她的弟弟——也是她最忠实的支持者之一——站在雪橇上，她就这样拉着弟弟穿过健身房。我在 Instagram 上看到了这段视频，她收获了大量的赞赏和鼓励。帕勒莫在为新学员设定挑战时，会观察学员的性格。他会尽量想出不一样的挑战，无论是否身有残疾，绝大多数人都做不到的那种挑战。他希望这些挑战能让学员振奋起来。完成这些挑战，也是对他们能力和潜力的有力认可。

内科医生杰罗姆·格鲁曼（Jerome Groopman）在他的《解构希望》（*The Anatomy of Hope*）一书中，将希望定义为“我们在头脑中看到前方更美好的未来时，产生的振奋感”。DPI 提供的希望真的能帮助学员在训练中占得先机。在一项实验中，心理学家通过让参与者回想过去完成一个重要目标的时刻，以及这如何帮助他们追求未来的目标，来激发他们的希望。然后，每个参与者将手放入冰水中，直到无法忍受为止。结果，“希望诱导法”帮助参与者坚持了整整一分钟。想想在你做引体向上或用虚弱的那条腿做单腿平衡时，一分钟有多么重要吧，而你每多坚持一秒，明天的成绩就可能再加一秒。而且，人们如果认为身体上的痛苦能帮自己达成目标，大脑会释放更多的内啡肽和内源性大麻素，这能让你体验到锻炼的快感。如果你知道自己的目标，也相信自己的行为有意义，那你的神经系统就能承受更多的疼痛和疲劳。

正是因为希望如此重要，所以新会员一进入健身房，首先就会看到伟大之墙，而且，从健身房的每个角落都能看到它。这堵墙时刻提醒着大家，这里的目标都能实现。对已经“登上”墙的学员们来说，这堵墙记载着他们的成就；对新来的学员来说，这堵墙让他们想象未来可以实现的目标。我第一次和乔安娜·伯尼拉聊天时，她告诉我一段前一天晚上在健身房里的对话。那是一位新来的学员，50 多岁，刚经历过中风。他问教练："我要怎么才能上墙？"伯尼拉说："他看着墙的样子，甚至能让我感觉到他在挑自己签名的位置。他的眼神就像在说：'我能成功，我一定能在墙上留名。'"

《美国忍者勇士》(*American Ninja Warrior*)是我最喜欢的电视节目之一，节目中，来自各行各业的参赛者进行障碍赛跑，那些障碍通常都需要极高的力量和技巧来面对。我在看这个节目的时候，发生了一些奇怪的事情，我的身体在本能地想要向参赛者提供援助。他们快要失去平衡或是摔倒的时候，我的核心肌肉群就会绷紧，好像在帮他们坚持一样。他们准备从高处跳下时，我会靠在沙发上，好像在用自己的重量来支撑他们着陆一样。我第一次发现自己这样做的时候，觉得有点儿荒谬，但又有点儿开心。看他们比赛，为他们鼓劲，触发了我的同情性模仿行为。

运动具有激发观察者同情反应的强大能力。当你看着一位棒球运动员冲向本垒时，你的心跳也会加速。看别人从飞机上跳伞，你的胃里也会翻江倒海。赛跑运动员冲过终点，举起双拳时，你也会跟着欢呼。这种共情体验正是观看体育、舞蹈或是特技表演的乐趣之一。作家乔纳·莱勒(Jonah Lehrer)观察后说道："看到科比(Kobe)在滑翔到篮下扣篮时，我前运动皮质中，有一些被迷惑的细胞相信我自己正在触碰到篮筐。当他投进一个三分球时，我的镜像神经元会活跃起来，好像刚刚投进球的是我。”我认为，这种感觉与其说是一种错觉，不如说是一种进化优势。人类的共情能力根植于镜像神经元系统，以及它观察和解释他人身体行为的能力。你的身体会对其他人的行为产生共情反应，因为人类有互相理解的本能。

这种共情除了能带来愉悦感，也是一种拓宽我们自己可能性的方式。正如舞蹈评论家约翰·约瑟夫·马丁（John Joseph Martin）在1936年所写的那样：“我们看到一个人体在运动时，我们看到的是人体所具备的可能性，也是我们自己的身体具备的可能性。”当你观察别人的动作时，你不仅仅是感知他们的动作，还有本体感受。你将这些活动内化了。这正是共情的作用：在你的大脑中创造一段感觉，让你对眼前的事物有所感受。当你观看运动员比赛、舞者跳舞，或孩子玩耍时，你的身体也能感受到他们的动作，即使你有时根本不知情。这使得观看其他人的动作就不仅仅是视觉上的体验，更是心灵上的体验。你对他人的动作产生共情时，也将他们的动作感觉为“自我”的一部分。我们的身体通过观察和感知他人的力量、速度、优雅和勇气来学习什么是可能的。这正是我非常喜欢看强悍泥人赛或是DPI适应性健身视频的原因。这些视频不仅能帮我做研究，还能激励我，不仅在情感和脑科学层面上，还在身体更深的本能层面上激励着我。让自己被他人的行为所触动，是获得希望的一种方法。

在凯蒂·诺里斯牧师做教练的综合健身训练健身房里，有一块个人记录板。每次有人跑得更快了，举起的重量多了一点儿，或是掌握了之前不会的动作时，都可以在板子上记下，并鸣一声钟。钟声响起时，整个健身房都会停下手上的动作，开始欢呼。“经常有学员觉得挑战太艰难，不知道自己能不能行，”诺里斯对我说，“我们就聚集在他周围，为他加油，他成功之后会瘫在地上放声大哭，我们也会拥抱他。”

跟其他人一起挑战身体的极限，这类活动能吸引这么多人肯定不是巧合。看到人们拼尽全力，直面恐惧，克服障碍是一种享受。在诺里斯工作的健身房里，有的学员只是为了去见证别人都完成了什么。“处于抑郁期的人甚至很难走出门，坐进车里。而他们能来到这儿，坐下来看其他人训练，这非常美好。”这也是集体希望的原理。有时，你完成了目标，可以鸣钟；有时，你在人群中，与鸣钟的人拥抱，为其喝彩；而有时，只要让自己沉浸在这样一个欢腾的氛围中就够了。

与乔安娜·伯尼拉第一次交谈后四个月，我路过弗吉尼亚州费尔法克斯的 DPI 适应性健身房。我们两个上次聊天时，她还在憧憬佩戴腿部支架行走的可能。很长一段时间以来，这个目标似乎都是不可能完成的，但她用锻炼将其变为可能。尽管我知道伯尼拉进行的锻炼很艰苦，但还是被眼前的景象震惊了。她坐在轮椅上完成了日常的锻炼后，拿出一副定制的腿部支架。她将两个支架绑在腿上，把脚伸入弧线形的白色塑料脚撑，系上了鞋带。然后她站了起来，抓住助行器的把手，走到了健身房的另一头。

之前伯尼拉同意跟我讲她在DPI锻炼的过程时，提出希望用化名的要求。这个要求很常见。很多人都希望分享自己的故事，但不希望成为公众的焦点。她在伟大之墙上签下的也是自己的昵称“T.N”或“书呆子”——伯尼拉总是希望得到更多知识，不断地向DPI的教练们问为什么。在我们聊过之后，伯尼拉改变了主意，允许我用她的真名。“隐藏自己对我来说其实很不公平，”她说，“我希望人们从我的经验中学习，在他们需要鼓励或是要做自己害怕的事时，也可以联系到我。”在她决定使用真名的时候，我觉得她似乎正站在一道障碍的顶端，时刻准备着抓住陌生人的手，拉他们上来，再背着他们过去。

THE
JOY OF
MOVEMENT

06

重构思维：

如何重新审视生活

与跑步带来的欣快感不同，绿色运动几乎能立即产生改变思维的效果。进入大自然的一刻，大脑就好像打开了一个开关，让你进入了另一种不同的心理状态。

在这个状态下，对当下的感知被放大了，内心的对话消失了。这种转变能让那些与焦虑、抑郁做斗争的人有如释重负的感觉。大自然将你的注意力拉向外界，打断你对自己的语言攻击，使你有足够的空间去好奇和欣赏你周围的世界。

我跟 46 岁的苏珊·赫德（Susan Heard）聊跑步的话题时，是在她宾夕法尼亚州伊斯顿市的家庭办公室里。她是两个孩子的母亲，也是儿童癌症研究基金会圣博德里克的一位礼物专员。她的办公室里满是陈列框，摆着她跑 5 公里或是半程马拉松得到的奖牌以及照片。墙上还挂着几百只千纸鹤，摆成阶梯形。这些象征着希望的千纸鹤是她的儿子大卫叠的。大卫在 10 岁时因为癌症去世，他曾希望美国的每家儿童医院都能有挂着千纸鹤的推车。

大卫 8 岁时，医生发现他的肾脏、主动脉和腔静脉周围有一个神经瘤。B 超结果显示，肿瘤正在扼杀他的心脏。一位邻居提议定制一批特殊的腕带——跟当时非常流行的 LiveStrong 黄色腕带类似——让社区里的人戴上，表示对大卫和家人的支持。赫德问大卫想在腕带上印什么，大卫说："拥抱生活。"他们一家人尽力实践了这几个字。大卫经历了化疗、手术和放疗，但也在后院玩水枪大战，跟家人去度假，还在厨房开舞会。在筹款会上，大卫受邀分享自己的故事时，他的话让观众大吃一惊，他说："首先，让我妈妈剃光她的头发！"——她真的剃了。这是一种赋权。后来，癌症又复发了，到了无药可医的程度。大卫在 2011 年 2 月 10 日去世，赫德陷入了严重的抑郁。

在儿子去世近四年后的那个新年前夜，她坐在沙发上想，我都算不上在活着，我为什么在这儿？“我当时非常痛苦。不想活下去。”她回忆道。这些想法在她的脑海里回荡，她问自己，这是真的吗？我真的不想活了吗？圣诞节，她的丈夫送了她一个 FitBit 健身手环作为礼物，她就想，也许我可以开始锻炼，应该会好一点儿。“我一直在告诉别人‘拥抱生活’，我却只是在说，没有实践。”她说，“我只是在想办法回到过去。”

赫德遛狗的次数增加了。她在踏步机上的时间慢慢延长到了 30 分钟，此外，她还加入了当地的跑步小组。她刚加入时，组长请全组的人都慢一点儿，好让她能跟上。“我当时才开始跑步没多久，都没有注意到大家为了我放慢脚步，”赫德说，“那个跑步小组帮我渡过了难关。”无论春夏秋冬，他们都在户外奔跑，绕着当地的养鱼场跑一圈，有 6 英里。“在外面的感觉很不一样，很平静。跟太阳、风相伴，感觉很不一样。这是另一种活着的感觉，觉得自己与世界有联系。关于我的世界，我感觉看到了更多，知道了更多。”

正是在户外跑步的过程中，赫德遇到了一些意想不到的事情。“我经常在寻找大卫。”她对我说，“我听其他母亲说‘我梦到了孩子’，而我梦到大卫时，都是噩梦。”跑步时，她感受到了大卫的存在。“有时，你会进入完全放松的状态。你的身体虽然还在动，但大脑已经放空。在我跑步的时候，我在我的脑海里能感受到他。一只狐狸跑在我前面，从树枝间飞出一只红雀或是一只举止奇怪的松鼠——你会注意到这些事情。我的本能反应总是‘你好啊，大卫’，我就是这种感觉。他在告诉我他在那儿。这件事意义非凡。我们总是想找机会感受或是看到一些人。对我来说，那就是我找到他的地方，在户外。”

心理学家将在自然环境中进行的运动称为绿色运动。人们只要在自然环境中运动5分钟，心情和心态就能有很大改观。更重要的是，他们不仅是感觉好了，还会有不同的感觉，既远离日常生活中的问题，又与生活本身联系更紧密。在户外散步能让我们对时间的感受放缓。只要待在植物种类丰富的环境中，人们就能对生活产生新的见解。即使只是回忆起在自然美景中度过的时光，人们也会认为自己与世界的联系更紧密了，远离了日常事务的负担，感受到更广阔的存在。

户外同样能让人心平气和。我们在大自然中所体会到的感受——惊异、敬畏、好奇、期盼——都是焦虑、心烦意乱和抑郁的天然解药。有人这样描述自己在加拿大野外的河流中划独木舟时的心情：“我没有了棱角……我不再感觉哪里不对，或是自己需要在哪方面努力。我的内心非常平静，我感受到了宁静、接纳，还有和谐。”还有很多人也说过，在自然中找到了“彻底的归属感”，以及被自然拥抱的感觉，“就像真的跟人拥抱一样”。户外活动对心理大有裨益。韩国首尔的洪陵树木园中，经常有接受抑郁症治疗的中年人在树木和高山植物之间散步，然后再进行每周的认知行为治疗。一个月后，有 61% 的患者症状得到缓解，是在医院接受心理治疗的患者的 3 倍。奥地利进行的一项研究表明，让有自杀倾向的患者在治疗过程中尝试登山，能减少他们产生自杀的想法和绝望感。

我们现在一天中大部分时间都待在室内，其实这是人类最近才出现的转变。在漫长的历史长河中，人类绝大多数时间都在户外，在与大自然互动的过程中大脑得到进化。正是人类的思维对自然环境做出的反应，激发了我们的认知能力。户外活动能帮我们唤起内心深处的正念，以及与宏大的自然沟通时产生的超然感。它让我们体会到生物学家 E.O. 威尔逊（E. O. Wilson）所称的与生俱来的喜悦，或者说对一切生命的爱。它帮助我们从更广阔的角度审视自己的生活。理解了绿色运动为何能产生这些效果，能让我们对人类的意识有重要的认识——意识是如何陷入恶性循环，以及我们是如何获得平静的。

有一年 2 月，一个寒冷的下午，作家毛拉·凯利（Maura Kelly）离开了她在布鲁克林的公寓，她不知道自己要去哪里，只知道自己必须出去。凯利多年来一直患有抑郁症，生活中接连不断的厄运让她的绝望情绪不断升级：失恋、职场失意，以及睡眠障碍，这些都让她精疲力竭。她逃离公寓的那一刻，只是想逃离自己大脑这个牢笼，逃离折磨着她的种种想法：我不够好，我永远不会快乐，我会永远孤独，我所有的努力都会付诸东流。

她发现自己走在格林堡公园的山坡上，这是一片30英亩的城市森林，里面种满挪威枫树、美国橡树和奥地利松树。寒冷的户外只有她一个人。她站在树木之中，呼吸着寒冷的空气，感觉好像有什么东西变了。后来她在一篇文章里写道："我感觉到自由了，受公寓和大脑的桎梏变少了……我没有被脑海里的声音一次次地逼入死角，而是沿着一条路走，一圈又一圈，把自己深深地埋进外套里，觉得自己更善于发现自己的优点了。"她待在公寓里时，脑海里充满了负面想法。她的焦虑和自我评判似乎占据了所有空间，充斥着她的呼吸。"在外面，"她对我说，"围绕我的都是积极的想法，比如'哇，蓝天、大树，空气多新鲜。我很好。我还活着。我很自由'。"

与跑步带来的欣快感不同，绿色运动几乎能立即产生改变思维的效果。这么快的效果，不太可能是内源性大麻素和胺多酚的作用——这类大脑化学物质的效果是缓慢累积的。进入大自然的一刻，大脑就好像打开了一个开关，让你进入另一种不同的心理状态。是哪个开关呢？如果神经科学家能观察到毛拉·凯利走过格林堡公园时的大脑状态，一定能观测到默认模式网络发生的变化。这个网络20年前已被科研人员发现，当时研究人员使用功能性神经成像来记录清醒的人类大脑的基本状态。在那之前，大脑成像研究的重点是找出在完成特定任务时，哪些大脑结构是活跃的。神经科学家们请人们解答数学问题，记忆一系列单词或分析照片中表达的情绪，同时扫描他们的大脑。最终，某些研究人员想到了一个问题：当一个人躺在脑成像仪上等候指令时，大脑是什么状态？当你什么都不做，神游的时候，大脑又是什么状态？

神经科学家分析大脑的基准状态时，答案让他们大吃一惊。放松状态的大脑其实一点儿也不放松。大脑中许多系统还活跃着，包括那些跟记忆、语言、情感、想象和逻辑有关的部分。更让人吃惊的是，所有人的大脑在放松时都会进入类似的状态。神经科学家将大脑的这一状态称为默认状态。人类的大脑有它自己的机制，会进行想象的对话、回放过去的经历，并对未来进行思考。大脑尤其喜欢思考你人生的目标及你与他人的关系。这一默认状态对人类在社会中的互动至关重要。大脑的基准活动也是我们记忆自己的方式。这时产生的内在对话和画面，让我们在不同的时刻和情境下，都能意识到自己是独特的个体，有自己的喜好、志向和问题。你肯定不希望大脑进入另一种状态——奋力寻找连贯的自我感或自我定位，这正是阿尔茨海默病晚期的症状，病理细胞摧毁了默认状态的核心结构。

不过，这一默认状态也有缺点。对许多人来说，大脑会默认消极的方面。大脑最常见的习惯就是回味过去的伤痛、批评自己或他人，以及回顾焦虑的理由。这种状态也可能变成精神陷阱。从理论上讲，当你专注于某件事时，如一段对话、一部电影，或是工作，默认状态就会安静下来，让大脑专注于外界事物，但患有抑郁或焦虑的人群没那么容易切换状态。他们的大脑在默认状态中表现出异常高的活跃性，而且会困在这个状态中，很难专注于任何事或任何人，甚至难以入睡。对有些人来说，大脑甚至会对思维反刍过去上瘾。大脑的奖赏机制——不是大脑默认状态的核心部分——与默认状态中跟记忆、焦虑、自我关注等有关的部分有着密切的关系。每当你重温一种熟悉的恐惧或批评时，奖赏机制就会说："没错，再来点儿！"大脑好像坚信通过重新回顾焦虑或自我批评，能得到好的结果。出现这种情况时，你会发现自己就像药物成瘾那样试图抑制自己的渴望和冲动，但无法摆脱这些心理习惯。

让默认状态平静下来最有效的方法之一就是冥想。在脑成像研究中，聚焦于呼吸、正念，以及重复吟唱经文都能让大脑的默认状态暂停下来。以色列魏茨曼科学研究所的神经科学家们研究了一位64岁的冥想大师的大脑活动，这位大师累计花在冥想上的时间超过了2万个小时。他能在不同的意识状态下切换，当从典型的默认状态切换到"无我之境"的纯意识状态时，大脑扫描显示，他大脑中的默认状态真的暂时停止了。

绿色运动对大脑的作用也类似，但不需要接受专门的思维训练。科学家们数次尝试通过大脑成像捕捉这一作用的产生。斯坦福大学的研究者们请接受测试的人外出散步90分钟。有人去了斯坦福附近的一座风景秀丽的小山，有人去了硅谷繁华的街道上。神经科学家们请他们在散步前后分别做功能磁共振成像，捕捉静息状态下大脑的活动。参与者还回答了关于他们心理状态的一些问题，包括他们在多大程度上认可“我希望我不再关注自己的那几个方面了”这样的陈述。结果发现，去风景秀丽的地方散步的参与者的焦虑程度降低了，对自我的负面想法也减少了，而在繁华街道上散步的参与者则不然。在对前者散步后进行的大脑扫描中发现，与自我批评、悲伤和思维反刍有关的亚属皮质区域（subgenual cortex）活跃程度降低。在静息状态下，抑郁症患者大脑的这部分区域比未患抑郁的人群更活跃。而在大自然中散步，能够选择性关闭大脑这一部分在默认状态下的活动。

值得关注的是，最有可能治愈抑郁症的两种疗法——经颅磁刺激和注射氯胺酮——对大脑的神经系统产生了同样的影响。前者通过戴在头皮上的电磁线圈释放电流刺激大脑；后者曾在越战时期作为麻醉剂，在 20 世纪 90 年代的狂欢文化中，人们甚至将其作为毒品吸食。用电磁刺激前额叶皮质，能降低亚属皮质和在默认状态中的其他脑区之间的活跃连接。服用其他抗抑郁药物无效的抑郁症患者，症状也能因此而减轻。静脉注射氯胺酮能以同样的方式干扰大脑的静息状态。这种对默认状态的影响能持续至注射氯胺酮后 24 个小时，效果比得上最厉害的抗抑郁药物。

没有证据表明经颅磁刺激、注射氯胺酮和户外锻炼这三种“疗法”可以互相替代，科学家或医护人员也不会贸然鼓励抑郁症患者放弃药物治疗而去远足。令人惊奇的是，在公园里散步——绝大多数人都能轻松完成——对神经系统的短期影响居然与两种最先进的抗抑郁疗法不相上下。这也许可以解释为什么自然疗法对抑郁症患者的效果十分显著。这也提醒我们，抽出时间锻炼不是自我放纵。对很多人来说，这是一种自我照顾，甚至是自我保护的行为。摄影师安德鲁·福斯克·皮特斯（Andrew Fusek Peters）的父亲是自杀身亡的，而他自己也身患重度抑郁症。他在回忆录《浸入》（*Dip*）中提到，在河流、湖泊或是威尔士和什罗郡的瀑布中游泳，能够打断他脑海中经常发生的“思维折磨”：“跳入野外的水中能把现实带回你的脑海。就是现在，就是此时此地。你的感官被树木、阳光、鸟鸣、沙沙的树叶声和紧紧簇拥你的水流占据，思想的阴影无处立身。”心理治疗能帮他对抗最严重的自我毁灭的想法，但“要给大脑换一盘磁带，需要很久的认知行为治疗”，而在户外游泳可以直接停掉磁带。

皮特斯所描述的水中感受，正好揭示了大自然对意识的一个重要影响。你完全沉浸在大自然中时，大脑会进入一种被称为“软入迷”的状态。在这个状态下，对当下的感知被放大了。大脑中负责语言和记忆的部分变得不那么活跃，处理感知信息的部分则变得更加活跃。感觉被放大了，内心的对话消失了。这种转变能让那些与焦虑、抑郁做斗争的人有如释重负的感觉。他们的默认状态一刻也不停歇，不断说着话，在他们的脑海中回荡。通过让感官充满愉悦的刺激，大自然将你的注意力拉向外界，打断了你对自己的语言攻击，使得你有足够的空间去好奇和欣赏你周围的世界。

正念练习能帮人们有意识地进入高度感官知觉的状态。大脑成像研究发现，人们在接受正念训练后，静息状态下大脑的行为从思维反刍转变为注重当下，即使是躺在功能磁共振成像仪中也是如此。对于经验丰富的冥想者来说，正念甚至可以取代大脑通常的默认状态，成为一种新的大脑基准状态。冥想导师喜欢说，这种对当下的关注，包括随之而来的幸福感，正是意识的自然状态。对于那些生活在焦虑或抑郁之中的人来说，这样的说法似乎很荒谬。随着我对自然如何影响大脑的了解越来越深入，我开始怀疑人类大脑会不会有两个截然不同的默认状态。其中一种是神经科学家们观测到的，测试者躺在磁共振仪中时大脑的状态，这种状态被定义为神游、自我反省和思维反刍。那我们身处大自然中，是否会有一种完全不同的默认模式？

亚历山德拉·罗萨提（Alexandra Rosati）是一位研究人类意识进化史的心理学家，她认为有两种压力推动了人类大脑的发展。第一种是我们需要以小组的形式相互协作，这种压力催生了社会认同感及我们为他人着想的能力。这包括我们倾向于在与他人的关系中定义自己，以及反思自己在族群中的地位。第二种压力是我们需要适应自然环境，以获得食物。根据罗萨提的研究，这种需求使得我们发展出一种被称为“觅食认知”的心智能力。正如自然选择总是倾向于能帮助人类狩猎和捕获的身体变化——比如更长的腿和更有力的臀大肌，对于能满足我们祖先需求的心智技能，自然选择也会对其加强。人类发展出了良好的空间意识、去发现我们周围可能性的开放心态，以及持续寻找的耐心。

当读到罗萨提的研究成果时，我就想到了传统的大脑默认状态其本质也是在锻炼获得社会认同感所需的技能，我们要在团体中生存下去，这项技能是必需的。与之相反，大脑的另一种默认的正念状态——对环境的充分感知，保留着好奇心和希望——刚好符合罗萨提描述的觅食认知。神经科学家认为典型的大脑默认状态之所以存在，是因为人类需要演练自己的社交形象，以在社会上生存下去。如果是这样的话，我们为什么不能有一种反映我们需要多和自然接触的默认的心理状态呢？对我们远古的祖先来说，在自然界中探索和寻找资源的能力与主动分享一样，都是他们生存的关键。毫无疑问，人类大脑的进化反映了这种需求，就像它是我们彼此依赖的结果。

也许我们所处的环境决定了大脑会切换至哪种默认状态。远离自然环境的人多数会进入自我聚焦的默认状态。不仅长时间待在室内，而且还在社交媒体上花很多时间的人，会倾向于进入上文提到的社会认同感状态，通常还伴随着思维反刍。我们要是没有定期外出的习惯，很可能会对开放冥想状态渐渐生疏。通过与大自然重新建立连接，我们会重新熟悉人类存在的另一半意义。这正是绿色运动吸引人们的一大原因。在户外，你可能会重新发现一个自我，这个自我并不仅仅由你的角色、你与他人的关系或你的过去所定义。你可以自由自在地做一个运动的自我，关注当下，对世界敞开胸怀。

经常有人拿体育锻炼对心理的作用跟改变精神状态的药物相比。跑步的欣快感与服用少量成瘾药物的兴奋感类似；同步舞蹈产生的狂喜感也类似；跟着音乐舞动能促进肾上腺素分泌，很像兴奋剂。我甚至听人说过，瑜伽练得尽兴时，会感觉血液变成了红酒。这些类比虽然不一定准确，却能帮我们对各种运动的魅力和好处大概有个了解。我在考虑绿色运动是否也有类似的效果时，首先想到的就是治疗焦虑或抑郁的药物。如果你注意到绿色运动的独特之处，就会发现与其效果最相近的药物其实是迷幻剂，包括裸头草碱、死藤水和LSD。迷幻剂多提取自植物，其拥趸声称迷幻剂能拓展意识，服用后能产生宗教和心灵体验。像绿色运动一样，这些药物能通过暂时重组默认状态而改变人的意识。在服用LSD后，默认状态下的神经网络会产生变化，这些变化让服用者体验到天人合一感。

很多人声称服用这类药物后，有了足以改变他们人生轨迹的感悟，还经历了超越自我的感受，而在大自然中待了一段时间的人也经常会有类似的体验。18%的美国人声称在大自然中经历过深刻的心灵体验。而已知的各类神秘体验中，有一半都发生在自然环境中。

这类体验中，最常见的就是天人合一的感觉，体会到远比自我宏大的存在，伴随着爱意，以及更深层次的和谐感。里奇·罗尔（Rich Roll）在《奔跑的力量》（*Finding Ultra*）中，回忆起自己在跑过加州托潘加州立公园的小山时也有过这种感觉。“我不仅仅是感觉很好，我还感到自由了……我这辈子第一次感受到‘天人合一’，而我以前只在与宗教相关的文字中读到过。”这是种与自然融为一体的感受。有位 50 岁的女性在亚利桑那州的大峡谷中徒步时，也有类似经历。“我感到与周围的环境完全融为一体。我没有坐下来观察……我好像是在走进自然深处，或者更确切地说，是大自然在走进我……这应该就是超然的感受吧，沉浸在周围的环境中。这种经历很开阔眼界，我一开始还有点儿害怕，后来就完全放松了，心中充满了平静。”

一位名叫特里·露易丝·特哈尔（Terry Louise Terhaar）的科研人员曾对近 100 人进行深度采访，以了解他们在大自然中的心灵体验。她写道：“虽然接受采访的人说他们的经历难以用言语描述，但他们对形容词和副词的使用堪比世界上最伟大的诗人。”还有一位作家迈克尔·珀兰（Michael Pollan）也注意到，人们在服用迷幻剂后，描述自己的心灵体验时也有类似的情况。特哈尔相信，这种更高级的意识状态更利于野外生存。她认为，在这种状态下，人们更容易克服身体上的疼痛、恐惧或绝望。面对自然世界的威胁时，人们能做出英雄般的举动。特哈尔举出的例子包括移动巨石、抬起倒下的大树，以及在受伤的情况下逃离危险。这些行为都能够帮助我们在野外生存。根据她的逻辑，现代人类继承了被大自然深深打动的能力，因为超越性的状态帮助我们的祖先生存下来。而且，不难想象，在现代社会，这种在大自然中的振奋体验也可以成为一种资源。

自然环境能够为我们注入一种情感，科研人员们称之为“愿景”——一种通常由眼前美丽的自然景观或令人敬畏的景象所引发的高远的视角和希望，以及一种庇护感，即被庇护、被保护的感觉。对人们在游览公园后写下的游记的分析表明，最常出现的词包括“爱”“生活”“时间”“世界”和“上帝”。心理学家霍利－安妮·帕斯摩尔（Holli-Anne Passmore）和安德鲁·霍韦尔（Andrew Howell）在反思户外环境对心理的影响之后写道：“接触大自然让我们能更深入地融入生命中，远比我们这一生宏大得多。”这种更高的视角，让心态也能乐观起来。一项研究发现，在自然保护区散步 15 分钟，人们就能更好地应对生活中的挑战。户外徒步越是能激起我们“我能想象自己在更广博的生命循环中所处的位置”和“我觉得自己融入了更宏大的自然世界，像是森林里的一棵树”之类的情感，我们对自己解决问题的能力就越自信。

几年前，我和丈夫救助了 12 年的一只猫，病入膏肓了。它得的是肾病，每天需要输液，吃刺激食欲的药，去兽医急诊那里抽肺积液，不断的治疗让我们很烦恼，也很困惑。只有我亲手喂的食物它才肯吃，但最多也只能在半个小时内吃下一勺食物。它之前很爱叫，那时却一声不吭，有时还会躲在卧室的衣柜里发呆。但它每天早上还是会趴在我的胸口叫醒我。它也会蹭着我们，我们摸它的毛时，它会发出呼噜声。它每天都会在阳台门前站上几次，告诉我它想晒太阳了。但它很难入睡，呼吸也很困难。我们不知道那些强大的医学技术是在帮它延长生命，还是在给它徒增痛苦。它没法跟我们说明自己想要什么，我们得替它做决定，这种责任让人喘不过气来。我们既担心提前结束它的生命是否有违我们当初对它的承诺，又担心让它受太久的折磨。

当时我和丈夫在纽约生活。有一天，我们俩都被这种情况弄得灰心丧气，于是决定去河畔公园散步。我们走过一片围栏，在那里，狗狗可以不拴绳子自由奔跑。我们又经过了通向哈德逊河的隧道。我们沿着河边散步，呼吸着新鲜空气，感受着头顶的蓝天和眼前的河水。我们在一片树荫下坐了下来。当时刚入秋，叶子刚刚有点儿变色，开始逐渐落下。我们看着松树，看着麻雀在地上找食。我记得自己当时第一次意识到我们的经历意味着什么。这听起来很老套，但我意识到这一切只不过是生命的又一次循环，这样的循环会无穷无尽地进行下去。我如释重负地意识到，我们其实并没有什么掌控能力。我还意识到，我们坚定又固执地拒绝放弃我们的猫，只不过是出于保护的本能，是我们对它狂热又坚定的爱的最后一次绽放。我们经受的折磨也只是将它的生命延长了一点儿而已。回到家后，我们感觉自己能做好摆在我们面前的决定，也能应对好之后失去它的打击。

2013 年，澳大利亚墨尔本政府养护的 7 万棵树木都有了自己的身份编号和电子邮箱。市政府认为这一举动能提醒市民主动承担监督养护工作，就像他们会上报路面坑洞、街头涂鸦或是坏了的路灯。他们希望市民在看到枝干掉落和真菌侵袭树木时能通知政府。结果他们收到了海量的写给树的消息。金榆树和柳香桃收到了成千上万的邮件，人们表达了对它们的喜爱、祝福和关心。当有机会与树木交流时，世界各地的人们都会写情书。

人类对接触自然的渴望叫作亲生命性，即热爱生命的天性。根据生物学家 E.O. 威尔逊的研究，亲生命性与生俱来，与人类的幸福感息息相关。人类大脑是在与自然的不断接触和依赖中进化的。现代人身处自然时产生的敬畏、满足、好奇并希望漫步其中的感受，都能帮助早期人类在复杂又时刻变化的环境中找到自己的位置。大自然引发的这些情感依然深深根植在我们心里，我们体验得越频繁，就越满足。放眼世界，跟自然联系越紧密的人，生活满意度、活力、吸引力和幸福感都越高。经常接触自然的人，更有可能觉得自己的生命充满意义，这种感觉甚至比拥有健康的身体所带来的好处还要强烈，与婚姻幸福或伴侣生活幸福的感觉不相上下。一项研究用手机上的 GPS 追踪了 2 万多名成年人每天的日常活动与情绪，在收集了 100 万余条数据后，研究人员发现人们在自然环境下更健康。不过多数美国人每天 93% 的时间都在室内，这就造成了所谓的“自然缺乏症”。

人类离开熟悉的环境后，对接触大自然的需求尤为明显。在离地面 248 英里、以每小时 17000 英里的速度环绕地球的国际空间站中，宇航员们经历了最严重的自然缺乏症。在空间站里，我们自以为熟悉的自然世界完全变了样。宇航员们在失重状态下飘浮着，飞速环绕地球的空间站切断了他们与地球最基本的联系——重力。他们的作息时间不再与日出日落有关。在空间站中运行的一周，你的右边是白昼，左边则是黑夜。那里的光照并非自然光，空气也是人造的。宇航员只有在迎接太空行走的同伴回舱时，才能在气闸那儿闻到新鲜的“太空”的感觉。他们将太空的气味，也就是宇航服上残留的气味，描述为金属味，甜甜的，让人想起电焊时飘出的烟尘味。

宇航员们远离了地球上习惯的作息、气味和声音，心里非常渴望接触到自然生命。很多人会听风声、雨声、鸟鸣甚至虫叫的录音。美国的一位宇航员兼工程师唐·佩蒂特（Don Pettit）尝试在空间站里种植物，有了自己的小花园。他从休斯敦当地的商店里买了好几包种子，带到空间站。他把脏内衣和俄罗斯产的结实手纸缝在一起，做成花盆，还缝上了一根连接着滴水槽的吸管。佩蒂特并不确定这些种子能否发芽，毕竟种子没法朝向太阳生长，根须也没有重力可依赖。过了一段时间，他的花园还是有了生机。最先发芽的是一株西葫芦，他用牙刷刷叶子，用残羹剩饭和橘子皮煮的“茶”给它施肥，打理这株植物成了佩蒂特每日生活的亮点。他在空间站健身举重时甚至也会带着这株植物，这是一种临时的绿色健身。

这株植物成了空间站所有宇航员的宝贝。另一位宇航员愿意替佩蒂特清理空间站的高效空气过滤网，条件是给他五分钟时间，让他闻闻这株西葫芦。宇航员们都对它产生了深厚的感情，甚至像飞行员们给战斗机起名字一样，还给它起了代号。之前佩蒂特叫它“太空西葫芦”，后来改成了“玫瑰”，在毫无生机的空间站中，这株植物在宇航员们的心里就是这么美。美国国家航空航天局（NASA）的“行为健康及表现”团队现在推荐在空间站种植植物，以保护宇航员们在执行长期任务时的心理健康。佩蒂特在 NASA 的“太空编年史”博客中写道：“住在满是机械、电子设备的金属罐子里，一点点的绿色植物也会让我们想起自己的故乡，我们都有自己的根。”

心理学家罗洛·梅（Rollo May）在 1953 年出版的《自我的追寻》（*Man's Search for Himself*）一书中写道：“我们与大自然产生共鸣时，其实是将自己的根扎回了土壤中。”虽然他在这里只是打了个比方，但有证据表明，人类需要与地球土壤接触，才能茁壮成长。普通土壤中的细菌可以减少大脑的炎症，这让土壤成为抗抑郁剂。你在花园里待过后，指甲里嵌入泥土，或是在挖土的地方深呼吸，都是在接触这些有益细菌。发现土壤这一功效的生物学家将其称为“老朋友假设”。根据这个理论，我们是随着这些微生物一同进化的，它们是人体的免疫系统和大脑的重要伙伴。就像花朵和蜜蜂一同进化、互相依赖一样，人类也得靠这些细菌繁衍生息。

在微生物学和医学杂志里，现代社会缺乏接触土壤的机会被定义为“老朋友的丧失”，这种丧失可能会导致患精神疾病，包括抑郁症的风险增加。按心理学家罗洛·梅的说法，当你把根扎回土壤中时，就是一次令人感动的重逢。每次你动手打理花园，在跑道上掀起尘土，或者只是在大自然中做一次深呼吸，都是在利用一种生物上的相互依赖，这种依赖关系帮助人类在最初的群居生活中存活下来，并且学会互相依靠。

六年前，31 岁的皮特·哈钦斯（Pete Hutchings）刚开始在伦敦北部一处公园里做志愿者时，那个公园无人问津，杂草丛生。志愿者们刚到公园时发现，那里满是抢劫犯丢弃的空电脑包、背包和钱包。他们日复一日地清理着碎石瓦砾，除杂草，照看树木。他们修了条小路，供游客进来探索，还建造了昆虫旅馆，给蚜虫和蝴蝶冬眠。现在，每天都有学校组织学生来这里参观公园，了解自然。“真不可思议，没想到这个地方在这么短的时间内居然能脱胎换骨。”哈钦斯说。

哈钦斯现在为绿色健身房管理这座公园，这是英国首创的一个项目，让志愿者参与基于环保的绿色运动。运动的形式包括做园艺、播植草籽，或在黏土斜坡上挖出台阶来——“试着挖 20 分钟的土，你会喜欢这种锻炼效果的。”主管经理克雷格·利斯特（Craig Lister）

说。英格兰、苏格兰和爱尔兰各地都有绿色健身的团队，仅一年的时间，志愿者们就种下了超过 25 万棵树。每个季节都有专属的、令人满意的劳动。夏天，志愿者们专心搞建设，搭苗床，造鸟屋，为下一年做准备。秋天，大自然开始准备冬眠，志愿者们种下球茎植物，修复台阶，搭栏杆，以便游客在公园中散步。冬天，他们会种下看起来像枯枝的小树。志愿者们经常怀疑这些树能否长大，而到了春天，小树一定会发芽，秋天种下的球茎开了花。“闻起来非常新鲜。昆虫在嗡嗡叫，还有花朵和花粉的清香。”哈钦斯对我说，“这有点像经历了漫长、阴暗、寒冷又潮湿的冬天过后的希望的气味。”绿色健身房的志愿者最有成就感的时刻，就是看到自己的工作在几个月甚至几年后开花结果。这就是收获的快乐。

经常有人在生活艰难的时候选择加入志愿者。他们可能失业了，或是残疾了，或是心理健康出了问题。加入绿色健身房很简单。一位志愿者说：“你可以做你自己，你会被完全接纳。”新加入的志愿者会得到绿色健身房的 T 恤，切身体会归属感。“当我们在田野里的时候，大家都衣冠不整。买不起最新款的潮鞋也不会怎样。”利斯特说，“只要你来，大家就欢迎。如果你今天很糟糕，那也没关系，哪怕你不太想干活儿。你可以去泡茶。”共同劳动使人们结成了一种自然的友谊，伴着野生动物的各种动静和刨土发出的声音，人们有时交谈，有时舒适地沉默。而且，户外对话的质量也不一样。到了户外，人们会更多地反思自己，袒露心声。在一项研究中，患有乳腺癌的女性说在绿色健身中经历了“肩并肩的支持”，这让她们更容易谈论困难的话题。“你说的话似乎都飘散到了空中，而不是专门针对某个人。”一名女性坦率地说，“我觉得这很好，因为如果你看着某人，你可能会说一些你不想说的话。”

几年前，在离伦敦总部不远的一处公园里，绿色健身房的志愿者们放置了一块塑料膜接雨水。“如果建成一小片水域，野生动物就会寻过来。”哈钦斯解释说。没过几个月，那里就出现了几只青蛙。过了两年，池塘里就应有尽有了，两栖动物、蜻蜓、蝌蚪和水生植物都出现在这里，一起把这片小水域变成了欣欣向荣的生态系统。哈钦斯跟我讲述这件事时，我意识到人类的社群也很相似。只要一点儿基础架构，如来到这里的理由、一个在意的地方、一点儿沟通的时间，我们就会建立起互相支持的生态系统。基于运动建立的社群，比如混合健身训练、跑步、集体健身和娱乐性运动，都是这方面的完美例子。然而，一同照料绿色空间这件事，似乎尤其能建立互相支持的网络。2017 年，一项针对城市中社区花园的分析发现，绿色空间构建了社会资本。它们既能增加情感沟通的资本——归属感、信任和友谊，又能增加联系资本，即你需要帮助时可以依靠的庞大社交网络。正如加拿大里贾纳北方中心社区花园的一位成员所解释的那样，打理花园可以让你与邻里互动多起来。“之前这里只是我的家，现在成了我的社区。”

遇到危机时，通过园艺积累的社会资本可以成为共享资源。

2012年，飓风桑迪袭击美国东北部时，纽约等许多地区都被洪水淹没，电力中断，包括皇后区的洛克威海滩。海滩91街社区花园成了分发食物、衣物和分享新闻的中心。人们在那儿生了一堆火，这样大家便可以取暖做饭。一位园丁将社区花园形容为“象征邻里之间互相帮扶的一条毛毯”，他还说：“东海岸遭受最猛烈的飓风袭击之后两天，看着大家围着篝火吃自制辣椒烤肉，站在花园里聊天开玩笑，喝着热巧克力……在警卫队还无法赶到时，这是我们对抗恐惧最有力的防线。”

生物学家E.O.威尔逊认为人类生来就需要与人沟通的本能，他也观察到：“人们一定要属于一个族群。他们渴望有一个比自己更宏大的目标。”绿色健身有一条非官方口号——“有目的地体育锻炼”，他们的主管经理克雷格·利斯特也是这样向他人推荐这个项目的。“与其去健身房举没有生气的器械，不如每周跟我们待上三个小时吧。每次活动结束时，你可以站在那里欣赏成果，而作为一个团队，大家也都有所收获。”2016年，对绿色健身房的一项全国性评估发现，常来这里的志愿者越来越乐观，也越来越肯定自己的价值，与他人的联系也更紧密，能够更好地处理生活中的问题。这些都要归功于与大自然的接触，以及运动量的增加。利斯特相信，看着树木从无到有的满足感才最关键。“我们是群居动物，靠齐心协力成为地球的主人，虽然我们有诸多不足。”他说，“我们喜欢取得成就，尤其是作为一个团队，我们喜欢被团队重视。当我们的社区重视我们所做的事情时，我们特别喜欢以团队的身份来传递信息。”

2017 年，威斯敏斯特大学的研究人员调查了绿色健身房的志愿活动如何影响生活目标的生理指标——皮质醇觉醒反应。皮质醇通常被称为压力荷尔蒙，我们每天早上起床都是靠它。皮质醇觉醒反应可以帮助你的身体调动能量，早上分泌的皮质醇能让你停止睡眠（志愿者早起要做的第一件事就是测量唾液中的皮质醇含量），告诉你该重新融入这个世界。抑郁或对未来感到绝望的人的皮质醇觉醒反应通常很低，就好像他们的身体不知道起床有什么意义。绿色健身房能改变这点。在八周的志愿活动之后，志愿者的皮质醇觉醒反应增加了 20%，同时焦虑和抑郁症状也降低了，好像照顾绿色空间的经验让他们重新回到了生活的轨道上。

随着季节的更替，友谊不断加深，绿色健身房的志愿者们开始见证自己劳动的果实。他们知道自己在投资社群的未来，这正是绿色健身房吸引人的地方之一。一位 70 多岁的退休女志愿者和哈钦斯一起种树时，哈钦斯感慨树木都绿了之后该有多美丽，她说：“我应该看不到了，那时我应该不在了。但这些树还会在这里，我的子子孙孙可以来看，我很骄傲。”志愿者们知道自己的工作有意义：通过创造、打理绿色空间，他们为社区的福祉做出了贡献。在像德里、伦敦和密尔沃基等各种各样的城市，生活在拥有更多绿色空间的社区——包括公园和社区花园——的人们，生活满意度会更高，心理压力也更少。宾夕法尼亚园艺协会将费城 200 多块空置场地清理干净，种草植树，变为绿地，这让附近居民的抑郁症发病率降低了 42%。

绿色健身房项目运营两年后，对当地社区有贡献的志愿者都被组织选中并接受培训，成为带薪的负责人。“绿色健身房希望给人们带来永久的变化，”利斯特对我说，“我们改变了他们的生活，他们再改变其他人的生活。”绿色健身房项目中 80% 的雇员都是从志愿者做起的，连他们的首席执行官也是 20 年前做志愿者起步的。皮特 · 哈钦斯 13 岁时在餐厅厨房打工，他刚开始在伦敦北部那座无人问津的公园做志愿者时，没有什么沟通技巧，也没接受过管理方面的培训，他一做就是 6 年。现在他全职领导绿色健身房项目。“我听很多人说过，这个项目救了他们的命。对于那些还在挣扎的人来说，绿色健身房真的能拉你一把。”他对我说，“人们从中的获益并不是我开始这项工作的原因，但却是我从工作中获得的最大乐趣。”就像哈钦斯告诉我的那样，很明显，他的这部分工作仍让他感到惊讶，他还在努力适应自己的改变。“我觉得自己不算特别有爱心，”他说，“我只是想当个园丁。”

托马斯 ·O. 佩里（Thomas O. Perry）在《树根：事实与谬误》（*Tree Roots: Facts and Fallacies*）中写道：“树根的生长时机和朝向在本质上是机会主义。只要环境中的水、氧气、矿物质和温度等都满足生长需求，植物随时随地可以生根。”人类也有这种本能。E.O. 威尔逊笔下的“亲生命性”不仅仅是对自然的热爱，或是对鸟鸣的迷恋，更是生存的意愿、成长的冲动，以及无论面对什么环境都要茁壮成长的决心。

苏珊·赫德的儿子大卫 10 岁时死于神经母细胞瘤，她开始通过在户外跑步抵抗抑郁。跑步帮她在承受丧子之痛的同时，继续生活下去。像大卫希望的那样，她重新拥抱生活，这包括跟女儿黛西一起跑步。黛西现在已经 15 岁了。“我最内疚的一件事是，我绝大多数时间都在大卫身边。女儿长大了许多，而我却不在她身边。”赫德对我说，“人会有很多遗憾，但你一定要原谅自己。”有一天黛西出其不意地对她说：“我想和你一起跑步。”赫德找到了当地的一家专门指导女性跑 5 公里的组织，名为“迈出去”。去年春天，她们一起完成了在户外跑步 10 周的挑战。一次集体训练时，赫德站在前排，她无意间听到女儿自豪地对身边的跑手们说：“那是我妈妈。”赫德在分享这段回忆时，声音都变得欢快起来：“有她和我在一起是最快乐的事情之一。”

THE JOY OF MOVEMENT

07

如何坚持

极限运动员的经历能让我们见识到，人类面对最艰难的时刻时，如何保持希望和动力。我们忍受下去的方法是一步步地走，为痛苦和快乐创造共存的空间，以及借助他人的力量。

最严峻的时刻也可能有出其不意的快乐。正是知道这一点，我们才能挺过最可怕的痛苦。找到一个让痛苦与快乐并存的方法，才能忍受看似无法忍受的境遇。

42岁的肖恩·比尔登（Shawn Bearden）正在犹他州盐湖城旁的安特罗普岛上跑50公里的极限马拉松，这是他第三次参加这项赛事。这项赛事能看到野生羚羊、鹿、土狼、豪猪还有大角羊。有一年，两头野牛拦在了离终点线四分之一英里的小路。（“尽量绕开动物，不然就等它们离开，”赛事网站上这样建议，“就算有水牛拦路，我们也不会因此对你的成绩做出补偿。”）不像其他封闭、多变的赛道，整条安特罗普岛赛道都是开放的。太阳直射下来，没有任何遮蔽。赛道的后半程，你可以远远地看到终点线。比尔登这样描述：“就像那部《大蟒蛇》（*Monty Python*）电影，你不停地往前跑，目标却还是那么远。”

跑了几个小时后，他开始感到疲倦，比以往任何一次跑步时都疲倦。他放慢了脚步。“我身体的每个部分都在大声抗议，要我停下来，”他回忆道，“我感觉自己好像不能动了，根本不可能再动一下，不知何故，我还是可以继续前进。肌肉特别沉重，重力好像比平时增大了50倍。明明是自己认为很简单的事，但每迈出一步都感觉无比艰难，这会让你的大脑无比疲惫，是那种非常无助的疲惫。”比尔登跟自己做了个交易：先试着慢跑10分钟。他感觉10分钟过去了，但不确定自己能不能坚持，于是他又对自己说，如果能再坚持7分钟，就逼自己坚持下去。后来他看表时，其实才过了1分钟。比尔登慢下脚步，又开始步行。“真的，我特别困惑。”他回忆说。

之前被他超过的选手现在纷纷超过了他。他们在看到比尔登努力抗争的样子时，都在说“好样的，你能成功”之类的话。这些话帮比尔登继续走了下去。大约过了半个小时，他还没来得及反应过来，就又开始慢跑了。跑了几米后，他才意识到自己是在奔跑。那种花好大力气才能迈出一步的感觉消失了，他感觉自己就像是滚下山的一个球。他甚至不觉得自己努力在跑，他只是在跑。这股冲力把他一路带到终点。“就在那时，我意识到，无论情况多糟糕，我都能坚持下来。我能够恢复。”

极限耐力挑战赛通常被定义为那些至少持续6小时的比赛，不过，许多比赛的持续时间要远比这长。在希腊举办的斯巴达马拉松赛中，参赛者需要在36小时内，跑完相当于6个马拉松的距离。澳大利亚的经典单车赛长达4000英里，参赛者历时多日，骑着单车走遍整个东海岸。艾迪塔罗德越野邀请赛是一项极限马拉松赛事，最长可达30天，参赛者需要徒步、骑车或是滑雪，从安科里奇，穿过暴风雪和大风，抵达诺姆。最近几十年来，该类赛事在全球呈爆炸式增长。仅在北美，每年完成极限马拉松的人数就从1980年的650

人跃升至2017年的逾7.9万人。

最古老的极限马拉松赛是南非的90公里战友马拉松，由“一战”老兵维克·克拉汉姆（Vic Clapham）于1921年创办，旨在纪念战争的艰辛及战友情谊。人生最核心的问题之一，就是人类如何忍受看似无法忍受的境遇，这正是克拉汉姆在“一战”后创办这项赛事时所思考的问题。根据这项赛事的官方记载，一年一度的比赛“提醒我们，逆境中也有希望。人性中的善良总会展现出来”。

在现在的极限耐力挑战赛中，参赛者将自己的身体推向人类的极限，这为我们提供了一个机会，让我们能探索自己如何以及为什么要坚持下来。在《远距离的诱惑》（*The Lure of Long Distances*）一书中，罗宾·哈维（Robin Harvie）提到，“运动员”一词源于希腊语的“我拼搏，我忍受”。极限耐力挑战赛的运动员们与大多数休闲锻炼者的不同之处在于，他们要承受一定的痛苦，这很像是从灵修中领悟智慧。对很多人来说，参加的动力不只是完成一件壮举，还有探索其中的意义，就像一位运动员对我所说的那样，是为了“享受痛苦”。他们的经历让我们见识到人类在面对最艰难的时刻时，如何保持希望和动力。我们忍受下去的方法是一步步地走，为痛苦和快乐创造共存的空间，以及借助他人的力量。

我第一次联系爱达荷州立大学运动生理学教授肖恩·比尔登，是因为他开设了一个与超跑科学相关的播客。（超跑是指赛程超过马拉松的极限长跑，但人们的尝试似乎没有上限。）比尔登承认，他参与这项运动的原因并不是那么光彩。他有很强烈的好胜心，有时甚至是破坏性的，他脑海里经常有个声音说他做得还不够，他认为这与自己酗酒的父亲有关。“我求他别再喝酒了，”他告诉我，“我觉得他选择了酒，而不是我。”唯一引起他父亲注意的是比尔登在足球上的成功。于是他尽全力想成为最优秀的运动员，他认为如果他变得足够好，他的父亲会选择他而不是酒精。做到最好，成了他做事的原动力。“这一生，无论我在哪方面有一丁点儿天赋，我都要尽力做到第一。”

到了中年，比尔登的身材开始走形，他因为这件事苛责自己。“我环顾四周，我开始思考，我能做什么呢？一定得是其他人都赞叹的事。”他看到一则爱达荷州波卡特洛附近即将举行越野赛的新闻。比赛有 35 公里、60 公里和 100 公里三种选择。他当时听说，只有真正强悍的人才能跑下来。“所以我当然就报名了 100 公里，但我从来没跑过越野赛。”

他全身心地投入训练，当他冲过终点线时，妻子问他：“感觉怎么样？”“我说的第一个词就是‘快乐’，”比尔登对我说，“更像是得到了救赎。”他又报名了另一项极限赛跑，很快就发现自己很喜欢这样——除了赛事本身，还有为了赛事而进行的训练。“这周我有两次在跑步的时候大哭，”他在给我的邮件里写道，“排山倒海般的快乐充满了我的全身，我流下了快乐的眼泪。”后来他说，“我想过很多次，我想变成最优秀的运动员的动机是不是很消极，是因为热爱才这么做的？我不能百分百地确定。正是跑步的过程中这些崩溃或是快乐的瞬间，让我确定这对我来说是一件有益于健康的好事。”

比尔登现在把大部分空闲时间用来帮助他人准备极限赛跑、指导运动员和制作播客。“人们总是说你从极限赛跑上学到的知识可以应用到日常生活中，对此我一直有些怀疑，”他对我说，“极限赛跑能让你剥离一切，只剩下你最精华的存在，以及唯一的一个目标：跑下去。我不确定它是否适用于我的日常生活。在日常生活中，我不可能突然觉得自己无所不能。”他说，“除了抑郁，我用它来治疗我的抑郁症。”

从记事起，比尔登就一直在与抑郁做斗争。他第一次认真考虑自杀时只有 7 岁。“我制订了个计划，”他说，不过他没有继续讲细节，“总之，那个计划是行不通的。”在他十几岁时，抑郁加重了，自杀的念头一直纠缠着他，直到他成年。正如许多长期与心理健康问题做斗争的人那样，比尔登这样描述抑郁：“好像一切都毫无意义，生活没有目的，什么都不重要了。”他认为自己可能永远无法摆脱抑郁。“抑郁要一直伴随着我。接受这一点要迈出很大的一步，”他说，“这是我的一部分，但不能定义我。”

他把抑郁发作时的感觉形容为“进入黑暗”，并解释说：“抑郁来的时候，就像你在户外，原本天气很好，可是雷雨云突然滚滚而来。你吓坏了，担心整个宇宙都压在你身上，向你发泄怨恨。空虚感随之而来，在乌云滚滚的黑暗时刻，空虚感很快就会让你开始计划自杀。”在过去，比尔登会努力用思考战胜黑暗，告诉自己生活是值得的。他越是试图与那些黑暗的思想争辩，它们似乎就越合乎逻辑。跑步，尤其是户外跑步，能让他摆脱自己的思想，他称之为“吹散乌云”。

除了训练带来的稳定情绪的好处外，坚持完成一项高强度的训练对于克服抑郁症也有特别的意义。在接近身体极限时，你会感觉到时间在慢慢流逝，这与抑郁或忧伤时的感受很类似，非常痛苦，又看不清前进的道路，每一分钟似乎都包含着无数煎熬。德国科隆大学的研究人员曾请抑郁症患者谈一下对时间的感受，有人回答说“就像是大家都超过我了”，或者是“我比所有人都慢”。根据研究人员的观察，最典型的解释是“时间越来越漫长，无法改变又黏滞不前”。这与比尔登在安特罗普岛 50 公里极限马拉松上出现时间变慢的感觉很像，其他参赛者纷纷超过他，一分钟感觉像是十分钟，重力似乎增大了 50 倍，几乎没有办法前行。在一项针对 100 英里极限马拉松运动员的研究中，运动员们都提到了时间的扭曲，还有人感觉比赛似乎“永远不会结束”。极限赛跑运动员罗宾·哈维还记得自己在希腊的斯巴达马拉松上，跑到 85 英里时的感受：“不仅我自己慢下来了，时间本身似乎也延长了，要从原子层面审视它。”他将极限耐力运动员体验到的痛苦描述为“无法用言语表述的悲痛”。在这种状态下学会继续前行，会让人终身受益。曾在 2011 年创下阿帕拉契山越野赛纪录（46 天 11 小时 20 分钟）的詹妮弗·法尔·戴维斯（Jennifer Pharr Davis）在《追寻耐力》（*The Pursuit of Endurance*）中提及她最重要的收获之一就是："要继续前行，不一定要摆脱痛苦。我们的人生中永远都会有痛苦，甚至可能'绵延不绝'，永不消失。你可以努力取得进步，对生活中不那么艰难的时刻心怀感激。你可以祈祷，痛哭，挣扎着渡过难关。"

极限耐力赛的运动员们在赛程最艰难时采用的策略，能让我们一窥人类是如何克服困难的。在墨西哥蒙特雷的世界铁人锦标赛上，研究人员凯伦·威克斯（Karen Weekes）追踪了 10 位运动员是如何在 10 天的时间里完成 10 次铁人三项的过程——共计游泳 24 英里、骑行 1120 英里、跑步 262 英里，以此了解他们是如何应对疼痛、自我怀疑和疲惫的。如果不看问题的背景，你可能很想把他们的答案分享给那些经历创伤或失去亲友的人，或是在艰难地接受治疗的病人，或是努力戒酒的人。运动员们学会了关注当下，他们没有让自己的思维游荡太远。当面对的情况难以承受时，他们就把目标定位成再跑一圈，再跑 1 英里，或是再走一步。

要获得让人坚持下去的乐观情绪，他们会听音乐，并在脑海中回放珍贵的回忆。他们允许自己在必要的时候哭泣、暴怒或休息。几乎所有的运动员都会从自己爱的人那里汲取力量。有一位运动员回忆起小儿子写给他的一封电子邮件，说自己为父亲骄傲，那封邮件就是他坚持下去的动力。还有一位运动员在脑海里跟家人和朋友对话。有两位运动员想象着和自己已故的亲人在一起，其中一位逝者是孩子，另一位是丈夫。这两位运动员发现这能激发体内的潜能，让他们超越平日的极限。还有几位运动员与上帝交谈、祈祷、寻求支持，表达感激。还有其他的运动员发现，通过把自己的努力奉献给其他人，可以战胜痛苦和疲劳，比如想想正在挣扎的爱人，或是想想自己的奔跑能为其他人募集款项。

很多人会关注眼下痛苦的暂时性。正如一位运动员对自己说的那样："最后一圈早晚会跑完的。"这种心理状态不仅是在想象没有痛苦的未来，还是品味当下这个快乐和痛苦并存的时刻。一位运动员会假装自己游的这一程、骑的这一英里是人生中最后一段赛程。这种思维方式引出了"期望的回味"，以及充分享受当下的欲望，即便这一刻包含着痛苦。

在外人看来，这些心理战术似乎只是达到目的的一种手段，是完成身体耐力任务所需要的心理技能。跟运动员交谈过你就会发现，他们似乎并不是这样看待的。许多人似乎持相反的观点：身体上的困难是培养精神力量的手段。我与夏威夷火奴鲁鲁的一位名叫克里斯蒂娜·托雷斯（Christina Torres）的30岁英语教师讨论长跑时，她提到了一首颂歌《我心得安宁》（*It Is Well with My Soul*），这与其他赛跑运动员通常用来激励自己的歌曲大相径庭。别人都是听《洛基》（*Rocky*）或是《烈火战车》（*Chariots of Fire*）的主题曲，而她提到的这首颂歌由霍拉西奥·斯帕福德（Horatio Spafford）于 1873 年创作，当时他的妻子和孩子们刚刚与“哈维尔号”汽船一同沉入大海。他的妻子被人从大西洋里捞起时已经不省人事，而他们的四个女儿都淹死了。当斯帕福德收到电报时，马上登船前往欧洲去见妻子。那艘船的船长了解到斯帕福德的丧女之痛后，在经过汽船失事的位置时通知了斯帕福德。在那里，斯帕福德写下了后来安慰了许多人的歌词：“有时悲伤如海浪翻滚，无论我的命运如何，你教我说：我心得安宁，得安宁。”这首歌希望人们在艰难时刻依然保有信仰，人们经常在葬礼上播放它。

把这首颂歌跟跑步联系起来似乎有些牵强，但对托雷斯来说，这首歌唱出了她跑步的理由之一。“当我很累或很痛苦的时候，跑步能教会我生活不总是这么痛苦的。从某种意义上来说，生活是会变好的。第二天早上快乐就会来。”托雷斯跑步时，克服了不安与怀疑之后迈出的每一步，都是一种信仰的实践，都是在说“我心得安宁”。“上帝带你迈出第一步，就一定会带你走完。跑步让我明白了这点。过程很难，很痛苦，但会有尽头。跑步让我发自内心地认同这一点。高山也是有尽头的。”其他运动员也有类似的感慨，他们发现身体上的苦难能让他们有深刻的领悟。相信一件事是一回事，比如相信你的生存能力、上帝的恩典，或仅仅只是相信“这一切都会过去的”，而切身感受它则是另一回事。

2016 年，托雷斯跑完了考艾岛马拉松。她称这段赛程是“在景色最优美的地方设立的一系列残酷、考验灵魂的山坡”。整个赛程共计需爬升 2000 英尺，有那么几次，托雷斯因为自己的速度比预期中慢，并且看到其他人超过了她而有些泄气。当跑到 18 英里处时，她来到了山顶，眼前的景象豁然开朗。她望向远方，品味着眼前的景色，心里好像有了什么变化，她充满了感激之情。能奔跑真是上天的恩赐，她想，我真是有福气。她听到祖父的声音：“感激这一切吧，孩子。”托雷斯喜极而泣。她在下山的路上不断地说：“谢谢你。谢谢你。”

后来，当想到这个故事时，我突然想到几乎所有长跑都在户外。只有在特别的筹款活动时，人们才会在跑步机上跑超级马拉松。他们翻越崎岖的地形，追随河流的脚步，翻过高山，穿越峡谷。极限耐力挑战赛与受虐癖的区别就是环境。举行这些赛事的目的不是为了受苦而受苦，而是在自然环境中受苦，以体验自我超越的感觉——几乎肯定可以体验到。如果说耐力训练的目的之一是学习如何更好地忍受痛苦，那么将自己置身于令人敬畏或感激的环境中会有所帮助。在户外，景色的突然变换能让你震惊，野生动物的突然出现也会吸引你的眼球，夜晚的星空让你着迷，清晨的第一道曙光让你振奋。这些超然的经历给个人的痛苦和疲惫加上了不一样的背景。不考虑这一点的话，很难理解极限耐力赛的运动员们在做什么。在极度疲倦的时刻体会到超然的感觉，是在提醒我们，最严峻的时刻也可能有出其不意的快乐。正是知道这一点，我们才能挺过最可怕的痛苦。找到一个让痛苦与快乐并存的方法，人类才能忍受看似无法忍受的境遇。

在一年一度的加拿大育空极地挑战赛上，来自世界各地的参赛者试图沿着育空探险路线穿越加拿大育空地区，用徒步、越野滑雪或是山地自行车跨越 300 英里。在参赛者签订的免责协议中，出现以下情况，责任均由参赛者自负：脱水、体温过低、冻伤、雪崩、掉落冰面、遭野生动物袭击、精神创伤、重伤，甚至死亡。在 2018 年的比赛中，气温降至 0 摄氏度以下，除了一名选手外，其他所有人都因疾病、疲劳或设备故障而退出比赛。组织方提前结束了比赛，来自南非的赛跑运动员杰瑟罗·德·戴克（Jethro De Decker）在凌晨三点四十五分到达检查站时宣布获胜，此时距离终点线 32 英里。

61 岁的罗伯托·赞达（Roberto Zanda）是最后一批退出比赛的运动员之一，他的冻伤十分严重，直升机带他撤离时，他的双手双脚都面临截肢的风险。不久之后，他在加拿大怀特霍斯医院的病床上接受了加拿大广播公司的采访。他冻伤的双手和小腿缠着厚厚的绷带，他不知道这些部位的血液能否恢复循环。这位 61 岁的运动员有个绰号“Massiccione”，意为“强悍的人”，他很期待能继续比赛，他对记者说：“生命比双手双脚重要，哪怕是用假肢。”六周后，他的双手以及膝盖以下部位均不得不接受截肢。后来他用上了碳纤维的下肢假肢，以及最先进的仿生手。他继续在家乡撒丁岛的卡利亚里进行训练。到了夏天，他第一次戴着下肢假肢报名了一场赛事——总长 155 英里的穿越纳米比亚沙漠的极限马拉松赛。

哲学系研究生克里斯蒂－安·伯勒斯（Kristy-Ann Burroughs）采访过许多耐力赛跑运动员，问他们跑步时的感受，运动员们经常提到的一点就是希望的重要性。“每位运动员都需要让希望战胜绝望，”伯勒斯写道，“希望让我们主动忍受下去。”极限耐力赛的运动员们不断前行的能力既鼓舞人心又让人好奇。我看了罗伯托·赞达用下肢假肢登山的视频，他在下面评论“我选择生活”，还发誓两个月内要再次登上同一座山，我不禁思考：极限挑战赛如此吸引参赛者们，是因为他们天生就有不断前进的能力吗？还是训练让他们有了超乎寻常的耐力？答案自然是两者皆有。不过，新的研究让我们有理由相信，适应能力是耐力的结果，而不是耐力的先导因素。

2015 年，柏林空间医学与极端环境研究中心对育空极地挑战赛的运动员们进行了追踪。他们想知道人类的身体是如何适应这么严苛的环境的。研究人员对运动员们血液中的激素进行分析后发现，有一种名为鸢尾素的激素水平特别高。鸢尾素最广为人知的作用是促进新陈代谢，帮助身体燃烧脂肪。不过鸢尾素对大脑同样有很强的效用。鸢尾素能刺激大脑的奖赏机制，还可能是天然的抗抑郁剂。鸢尾素水平较低可能会增加患抑郁的风险，而较高的水平则可以提高动力和增强学习能力。将这种激素直接注射进实验鼠的大脑——科学家们还没准备好进行人体实验——能减少与抑郁相关的表现，包括习得性无助以及面对威胁时被吓得动弹不得的情况。血液中较高的鸢尾素水平也与高级认知能力有关，甚至可以预防神经退化性疾病，比如阿尔茨海默病。

育空极地挑战赛的运动员们在参加比赛时，血液中鸢尾素的浓度远超一般人的水平。在整个赛事过程中，鸢尾素的水平还会进一步升高。哪怕因体温过低或过度疲劳而受伤，他们的大脑中依然满是鸢尾素，以此保证大脑健康，同时避免抑郁。为什么他们血液中的鸢尾素水平这么高呢？赛事的环境，以及运动员为了参赛所做的准备都是其中的原因。鸢尾素通常被称为“运动激素”，是最广为人知的肌因子（肌因子的英文为 myokine，myo 意为“肌肉”，kine 意为“动起来”），即一种肌肉中合成的蛋白质，在锻炼时会进入血液。人类生物学近期取得的最伟大的科学突破之一，就是认识到骨骼肌起着与内分泌器官类似的作用。你的肌肉像肾上腺和脑垂体一样，会分泌影响身体各个系统的蛋白质，其中之一就是鸢尾素。在跑步机上锻炼一段时间后，血液中的鸢尾素水平会升高 35%。参加育空极地挑战赛的运动员们每天最多需要锻炼 15 个小时。肌肉颤抖——肌肉收缩的一种形式——也会触发鸢尾素释放到血液中。育空极地挑战赛的运动员们身处极限的环境，完成了极限的运动量，因此这种肌因子的水平出奇地高。

在你运动时，鸢尾素并不是你的肌肉释放到血液中唯一的有益肌因子。2018 年的一篇科学论文指出，骑一个小时的自行车，你的股四头肌会释放出35种蛋白质。其中一部分肌因子能让肌肉强壮，而另一些能调节血糖，抑制炎症，甚至杀死癌细胞。科学家们现在认为，运动给人体带来的长期收益正是由于肌肉收缩过程中释放的有益肌因子。

虽然大部分针对肌因子的研究都聚焦于这些化学物质如何预防疾病，但其实肌因子最大的效用是促进心理健康。例如，血管内皮生长因子和脑源性神经营养因子（最初之所以这样命名，是因为科学家认为只有大脑能分泌）能保护脑细胞健康，甚至能帮助大脑产生新的神经元。每一种已知的治疗抑郁症的有效的生物疗法，包括药物和电击疗法，也都能提高这些神经营养因子的水平。

另一种肌因子是胶质细胞源性神经营养因子，能保护中脑的多巴胺神经元。多巴胺神经元的损坏会导致一系列问题，比如抑郁和帕金森病。这种损坏也是药物成瘾最危险的副作用之一。运动通过释放保护多巴胺神经元的神经营养因子，能预防、缓解甚至治愈这些疾病。一些肌因子甚至能代谢由慢性压力引起的神经毒性化学物质，使其在到达大脑之前在血液中转化为无害的物质。这些反应你无法看见，也无法感知，但每次锻炼时都会发生。

在与锻炼有关的最早的论文中，提到了锻炼促进分泌肌因子，还将其称为“希望分子”。极限耐力赛的运动员们也常这样打比方：把一只脚放到另一只的前面——这样即使你觉得无法再前进了，你也能再走一步，为自己建立信心，鼓起勇气。希望分子的存在说明这不仅仅是一个比喻。你的肌肉能诞生希望，你每迈出一步，都会收缩200多块能释放肌因子的肌肉。推动身体前行的肌肉向大脑分泌蛋白质，刺激耐力的产生。很重要的一点是，不用去北极跑极限马拉松，你也能向血液分泌这些物质。任何需要肌肉收缩的动作，或者说所有动作，都能释放有益肌因子。

一些耐力超强的运动员之所以被这项运动所吸引，似乎恰恰是因为他们有一种天生的忍耐力。这类赛事的极端环境让他们既能挑战自己的耐力，又能享受耐力带来的快乐。然而，极限挑战赛运动员们展示出来的强大意志力，也可能是高强度的锻炼带来的。像竞走、徒步、慢跑、骑车和游泳这样的耐力活动，以及高强度的锻炼，如间歇训练，最有可能分泌有益心理健康的肌因子。对于正在运动的人来说，提高强度或训练量——更强、更快、更远或更长——能刺激肌肉分泌更多的肌因子。在一项研究中，测试者一直跑步，直到筋疲力尽，血液内的鸢尾素水平在跑步期间，甚至进入恢复期之后许久，都一直保持在高水平，我们可以把这一现象想象成向静脉注射希望。许多世界顶级耐力挑战赛运动员都有过抑郁、焦虑、创伤或成瘾的经历。有些人，比如极限耐力赛跑运动员肖恩·比尔登，认为这项运动救了他们一命。这也是吸引人们参加极限挑战赛的原因。你可以一开始就以超人的耐力参赛，也可以一步步地增强自己的耐力。

我与比尔登交谈过后的几个月，他 Instagram 账户上的一张照片进入我的视线。这张照片是在通往山区的一条石板路中间拍的，路的两边都是长满草的田野。天空很蓝，不过拍照人的头顶好像有一大片乌云。我还记得比尔登将抑郁描述为雷雨云滚滚而来的感觉。比尔登在照片下面写道："今天风很大，让原本轻松的跑步变得更具挑战性。能跑步我很开心，站在地上的每天都是好日子。"下面还有人像比赛中的同伴一样给他鼓劲："说得好！继续努力。"

探险运动员特里·施耐德（Terry Schneider）在57岁时完成了登上非洲、南美和欧洲三大洲最高峰的挑战。她曾在撒哈拉沙漠中奔跑，在季风期骑自行车翻越不丹的高山，还在厄瓜多尔的亚马孙雨林中与阿丘雅人一同徒步。施耐德职业生涯的精彩很容易被误解成超现实主义者的噩梦。她在中国的戈壁沙漠的盐滩上奔跑时，两条腿深陷泥潭，脚上的鞋子掉了，像是被地下一只饥渴的怪兽夺走了，后面的赛程她是穿着袜子跑完的。她在哥斯达黎加一万英尺的火山上骑行时摔倒，撞到石头上，她躺在地上喘息时，还被一只流浪狗袭击了。她曾在满是鲨鱼和海蛇的水域被甩下了脚踏船。她还在骑马时陷入流沙。有一次在丛林中徒步时，被她的体温吸引来的水蛭从手套、裤腿以及所有露出来的缝隙钻了进去，她还记得看到自己的血从鞋带孔和衣服里渗出来的情形。

如果你问施耐德比赛时最糟糕的经历是什么，她是不会提到这些的。这些都是她在向人解释极限挑战赛为什么值得一试时举的例子。她的冒险经历发生在地球上最有魅力的几个地方，绝大多数人也许终其一生都无法体验。“要在这样的环境中生存，你必须承受很多痛苦。”施耐德对我说。她身边迷人的景色，以及要一睹美景必须忍受的苦难都让人很满足。“我可以在痛苦中暂停片刻，环顾四周，然后继续前进。我正在受苦，我就在这里，这些感觉都非常神奇。我花了好大力气才能到这里。这是对人类思想和身体的可能性的证明。”

我问施耐德为何会选择做职业探险运动员，她解释说：“我从没被虐待过，也没有饮食失调过，除了普通人的心碎经历，也没有经历过心理创伤。我只是想做一名强大的女性。”她还记得第一次将身体推到极限时，感受到了纯粹的快乐。当时她 10 岁，参加了一次越野赛跑。她的成绩是倒数第二，但她并不在乎。“挑战身体的极限，让我觉得整个世界都对我开放了。我感觉很快乐。那段经历很有意思，独一无二，让人激动。即使过了这么多年，我依然为自己能去户外、挑战身体极限以及体验那种感觉而心怀感激。”施耐德小时候，她的母亲警告她如果跑得太多会让子宫脱落——她母亲说是从《读者文摘》上看到的。当在外冒险时，施耐德感觉社会对女性的认知和期望不再束缚着自己。“以女性的身份，在大自然中完成很艰难的挑战，这和你在生活中做的任何事情都不一样。”她对我说，“没有人跟你比较，没有文化信息，没有该如何做或是如何定位自己的各种要求。大自然把这些都洗尽了。”她喜欢在变幻莫测的荒野中自己的样子，远离社会的压力。“我还是同一个特里，但更加果断、强大、自信、满足和感恩。”

施耐德在选择比赛时，会主动挑选“大挑战”——需要她超越之前的成就，超越自己以为的极限。这不仅是出于好奇自己能否完成比赛，更是好奇会遇到怎样一段经历，自己会如何应对全新的、充满挑战的环境。她想测试自己的极限，看看能激发多少潜力。很多探险运动员都以此为动机。杰瑟罗·德·戴克在经历了灾难般的 2018 年育空极地挑战赛后说：“还有其他方式能更好地了解自己吗？”

施耐德最难忘的一段经历发生在大约 25 年前，那是第一届生态挑战赛。那届挑战赛在犹他州举办，以团队为单位，是一场十天不间断的比赛。每个团队有五人，要骑马、徒步和骑山地车完成 376 英里的赛事，中间还需要攀岩，用绳索滑下峡谷，以及用皮筏或独木舟在湍急的河流上航行。经验丰富的运动员们组成了 50 支队伍，但只有 21 支队伍完成了比赛（后来有篇医学论文将这次比赛作为即使以极限耐力挑战赛的标准看，也让身体经受了“前所未有的重大风险”的案例研究）。当施耐德报名参加比赛时，她在攀岩方面的经验相对欠缺，而且向下望时会心慌。在练习时，虽然只需要用绳索下降 30 英尺，她还是因为恐惧而无法动弹，她将这种感觉描述为“被恶灵束缚”。吸引她前往生态挑战赛的，就是她知道自己必须克服这种恐惧。

赛程中最高的攀岩点差不多1200英尺，要使用固定的绳索。她每爬100英尺，就要停下来换到新的绳索上。只要犯一点儿错误，她就会掉到下面的河流中。施耐德的团队抵达这里时，她站在悬崖下面动弹不得。她在自己的回忆录《肮脏的启示》（*Dirty Inspirations*）中写到自己当时考虑了几个选择：要么退出；要么被恐惧挟持着爬上去；要么接受这份恐惧，一点点地爬上去。施耐德选择了最后一个。她越爬越高，恐惧也随着她一起向上爬。为了保持冷静，施耐德专注于两种感觉：手触摸石头的感觉，以及绳子划过上升器的声音。她花了四个小时才爬到悬崖的顶端。她站在悬崖边，低着头，欣赏着这壮丽的景色。“它教会我的不是恐惧可以被战胜，或是被消除。”施耐德对我说，“对我来说，改变的是我可以与恐惧建立一种联系。我能控制自己感受恐惧的方式，我学会了分析自己的恐惧，正视它，与它建立一种联系，让它成为信息的来源，而不是拦路虎。我可以做决定者。”

我在攀岩时也体会到了施耐德的感受，不过比她的程度轻得多。很多年前，我和丈夫一起尝试室内攀岩。对我来说，同意尝试已经是一大挑战了。我只要站在高楼的窗边就会头晕目眩，感觉自己仿佛已经掉下去了。在攀岩馆里，我系着安全带在人工岩壁上攀爬。我的安全绳在丈夫手里，一旦我脱手，他可以拉住我。即使有这么多保险措施，我还是没法爬到很高的地方。大约在20英尺高时，我的身体就不能动了，我的大脑也在说，快下去！无论我在哪里练习攀爬，用多少保险措施都是一样。我大脑运动皮质区的神经元不能或是不愿控制我的手伸向下一个凸起。我中脑深处的恐惧回路将它们钳制住了。

当时，我还以为自己再也无法突破20英尺高的高度，这也许是我的祖先遗传给我的避险本能。我永远不知道如果我试图克服这个心理障碍会发生什么。跟施耐德聊过之后的几个月，我一直在想悬崖峭壁上的她，是怎样一点点爬上高达1200英尺的悬崖的。她的成就似乎远远超出了我的想象。但她对恐惧的描述又让我感觉那么熟悉。我对丈夫说，我们要回到“花岗岩星球”，也就是15年前我发现自己恐惧极限的那个攀岩馆。

接受了一个小时的安全培训后，我再次绑好安全带，系上了大约50英尺长的绳子。我丈夫拉着绳子，在我爬升时收绳，一旦我掉下去就可以拉住我。在我身边，一对父母在指导大约10岁的儿子攀岩，我跟这个小男孩肩并肩。我还没爬多远，就已经想停下了。我离之前20英尺的纪录还差了好远。但我身边的小男孩好像很开心，我似乎也被他的热情鼓舞了。我爬得越高，就越想停下来。我想到了特里·施耐德，想象她在600英尺高的地方会是什么感觉。我对自己说，再爬一步，坚持住。我身上的绳子拉得很紧，我能感觉到丈夫对我的支持，他像是在对我说“有我呢”，这对我有所帮助。有好几次，我都感觉绳子拉了我一下，好像是他想拉我上去一样。

我第一次尝试就成功了，我完全没有想到。我本以为会失败，我对自己的恐惧深信不疑。到达顶部后，我敲响了顶上的铃铛，让其他人知道我成功了。我的手触碰到铃铛时，我才意识到我从没想象过这种感觉。我想象过系上安全带站在下面，也想象过尝试了刚开始的几步。但我觉得到顶是不可能的，所以想都没有想过。我回到地面上时，对自己的成就很震惊。我丈夫说："你做到了！"我惊讶得说不出话来。第一次成功后，我马上又爬了两次，以确定第一次不是侥幸。我的恐惧依然在，但另一种感觉也一同出现了，是决心，甚至是乐趣。

15 年来，我一直坚信不疑地认为，我的大脑不允许我爬到高于 20 英尺的地方。哪里变了呢？据我的推测，最重要的是与施耐德的谈话。一开始我只是受到了鼓舞，心想：天哪，我可做不到。不知为何，她的故事让我感觉自己也能像她一样勇敢。我攀岩时，能切身感受到丈夫对我的支持，这让我在恐惧的威胁下能继续前行。我旁边那个兴奋的 10 岁小男孩也功不可没，他的快乐有感染力。

在去花岗岩星球的路上，我就知道，在攀岩的过程中，恐惧、勇气和快乐会一同存在。直到爬到顶，我才意识到其他人可以为你提供勇气和快乐，直到你找到自己的勇气和快乐。我的动力并不一定要全部来自自己。我可以重新定义我的经验，它可以包括所有在我之前爬上去的人，以及跟我分享过经历的人——哪怕分享得不那么深入。

在我和施耐德交谈时，她告诉我："大挑战之后你带着经验离开，回头看看，想着'天哪，我居然做到了'，这份成就感会永远伴随着你。无论之后的生活中发生什么，你的成就会一直伴随着你。"成功攀岩到顶后，我感受到了自信。我在攀岩馆和回家的车上，一定说了许多遍"我做到了"，之后我回想这段经历时，感受到更多的还是感激。也许大挑战带给你的诸多好处之一就是你可以从中吸取教训，你可以收获美好的回忆。施耐德跟我聊过独自探险多么令人兴奋——那种迷失在野外，却发现自己能独自存活的感觉。对我来说，我所收获的经验、令我感到惊奇的经验则恰恰相反。当我面对岩壁，不敢爬上去的时候，我找到了自己需要的支持。那次大挑战后，我更容易想象之前不敢相信的事情了，不仅是能爬到顶端，敲响铃铛，还有更让人安心的体验，那就是我在遭遇不知道如何应对的情况时，家人、朋友甚至陌生人都能够给我支持。

奥运会史上最广为人知的一幕发生在 1992 年的巴塞罗那，英国短跑运动员、世界纪录保持者德里克·雷德蒙德（Derek Redmond）在 400 米半决赛中最后一个跑过终点。此前，他因伤无法参加 1988 年汉城奥运会。巴塞罗那奥运会前，他是公认的种子选手。如果看一下当时的录像资料，你就会发现，雷德蒙德起跑很有力，但 15 秒之后，他抱住了自己的右腿，只能跳着前进。两秒钟后，他倒在了赛道上。他后来说，当时自己的第一个念头是大腿后部中枪了。实际上是大腿后侧肌群撕裂引起了剧痛。

当雷德蒙德再次站起来时，他的对手都已经冲过了终点。比赛结束了。但雷德蒙德不愿退赛。他开始用一条腿别扭地跳着，脸上的表情很痛苦。他避开了蜂拥而来的电视记者和医护人员。同时，看台上有一名男子站了起来，向赛道冲了过去。工作人员想拦住他，却被他推开了。他跑到雷德蒙德身边，把手搭在他肩膀上。雷德蒙德一开始以为是工作人员想拦下他，便想甩开这只手，然而他听到了："德里克，是我。"雷德蒙德转身，发现是他的父亲。

雷德蒙德的父亲抓住他的手，用一只手臂搂住了他的腰。他跟儿子一起慢跑，后来雷德蒙德痛得喊了出来，两人放慢了脚步。他们的脚步越来越慢，雷德蒙德把脸埋在了父亲的胸口。"你现在也可以停下的，"父亲对他说，"你不需要证明什么。"雷德蒙德坚持说："让我回到第五赛道，我要跑完。"两人继续步行前进。一位身穿白衬衫的奥运会工作人员想拦下他们，但雷德蒙德的父亲推开了他，还喊道："我是他父亲，别碰他！"摄像师包围了他们。雷德蒙德不好意思地捂上了脸，他的父亲则把他的手拿开了。观众开始欢呼，雷德蒙德和父亲一同走完了最后 100 米。

赛后，一名加拿大选手给雷德蒙德写了张字条，说他跨过终点线时是"我见到过的对勇气和决心最纯粹、最勇敢的体现"。雷德蒙德坚持完成比赛的愿望以及他对疼痛的承受能力的确惊人，但我觉得大家不是被他的坚持打动的。大家是被他的父亲打动的，他本不该在赛道上，也不是运动员，但依然上前帮助了儿子。而那么强大的一位体育英雄，也接受了他的帮助。奥运会上的这个瞬间触动了许多人，他们不禁潸然泪下，不仅因为雷德蒙德坚持了下去，更因为这个瞬间展示出了对他人的依赖是如何帮助我们继续前行的。

当你听极限耐力赛运动员们的故事时，你首先会意识到的就是没有人在独自奋战。虽然运动员的最初动机通常是竞争——想要证明自己，或者做一些“普通人”做不到的事情，但他们在比赛时的情况要复杂多了。完成极限耐力赛不仅需要个人能力，更需要与其他人的协作。很多运动员仅仅因为知道还有其他人跟他一起奋战，就能振作起来。一位极限赛跑运动员对我说，如果他在比赛过程中感到孤单，视野内没有其他人，他就会想到其他参赛者，他们也在某个地方，独自一人面对着挑战。另一位极限赛跑运动员解释说：“跟其他人一起，事情看起来会简单点儿。”绝大多数运动员都有后援团队——朋友、家人、教练——帮他们准备并完成重大赛事。志愿者们在沿途设立了救护站，帮助参赛者补充能量，挑破水疱，或是加油助威。运动员们也会互相帮助，分享补给，或是牺牲自己的时间拉其他人一把。软件工程师乔伊·埃博茨（Joy Ebertz）在参加50英里赛跑时，中途肠胃不适，不得不停下，她有些脱水，但离下一个急救站还有5英里的路程。另一位运动员经过她时，停下来帮助了她。“他把自己的水给我，陪我走到下一个救护站，让自己的成绩受了很大影响。”一位极限赛跑运动员在首次参加夜间 62 英里越野赛中，因为头灯没电陷入困境。后面的运动员跟上来和他一起跑，为两人共同照亮前进的路，直到破晓。一位运动员说：“如果你兜里装了袜子，刚好有人需要袜子，那这双袜子肯定要送出去……这也没什么，最后一切都会顺利的。这个行为真的意味着你是这个群体、这个大家庭的一分子。”

科研人员詹娜·奎克（Jenna Quicke）请数位极限赛跑运动员选择一张最能代表极限赛跑的照片，他们的选择不是跑鞋或流血的脚，也不是奖牌或比赛时的环境，所选的绝大多数都是自己和其他参赛选手一起的场景。“这些照片表达的是群体。”奎克写道。这些运动员之所以能团结起来，一部分原因在于大家共同承受过痛苦。共同承担身体上的痛苦，即使是一些简单的事情，比如在冰水中握住你的手、吃辣椒或是做深蹲做到筋疲力尽，都会增加陌生人之间的信任和亲密感。当痛苦具有个人意义，并被其他人所祝福时，这样建立起来的纽带更加牢固。人类学家哈维·怀特豪斯（Harvey Whitehouse）与乔纳森·A. 兰曼（Jonathan A. Lanman）写到，包含痛苦的集体仪式，通过“亲属劫持心理”和“将我们与其他仪式的参与者连在一起”的感受，增进了我们跟其他人的感情。换句话说，你与其他人一同经历了艰难困苦，你们就成了家人。一位参与了著名的圣佩德罗曼里克火上行走的人对研究人员说：“走上去之后，所有人都成了兄弟。”另一位参与者说：“第二天，你要是在街上遇到另一个在火上行走过的人，你就知道你们共同经历过这件事，你们之间建立了纽带，你和这个人的关系也不一样了。”

在极限耐力挑战赛中，亲近感也来自照顾他人及被他人照顾时的身体接触。我在文章或视频中看到过这样的情景：救援队、志愿者、其他参赛者处理某个运动员的水疱，甚至血淋淋的脚，或者借对方一个依靠的肩膀，又或者在运动员呕吐或腹泻后帮他补水。我还记得一位照顾癌症病人的护士尼基·福莱莫（Niki Flemmer）对我说过：“在面对疾病时，好多无关紧要的事情都会靠边站。当我们脆弱时，与他人联结的能力更强了，尽管这种能力可能很难被理解。”毫无疑问，这是把极限挑战赛的参赛者凝聚在一起的部分原因，人类真实的身体状况会破除以为自己无坚不摧的幻想。一项针对护理人员的调查显示，在生命的最后阶段，最常见的问题之一就是不想成为别人的负担。看到极限挑战赛中互相关怀的护理仪式，不但被大家普遍接受，甚至欢迎这方面的身体接触，我不禁再次想到这些活动多么深刻地反映了人类相互依赖的现实。

在挑战人类耐受的极限时，对互相依赖的认识是很多人的宝贵收获。日本比叡山上的马拉松僧侣经常被人称作灵魂运动员。他们午夜起身，在丛林密布的山间跑 18.8 英里。僧侣们风雨无阻，即使在雪天，也只穿一双薄薄的草鞋。遇到大雨，他们还会多带一双草鞋，以免脚上的这双散架。他们全程只休息一次，即坐在地上诵读两分钟的经文。他们每天的跑步被认为是一种精神实践，就像学习古文或静坐冥想一样。这项传统可追溯至1310年至1571年。自1885年起，有46位僧人完成了自己7年内完成1000次全程的誓言。僧侣们在履行他们誓言的过程中，夜间跑步时间变得越来越长。到了最后一年，他们可以不休息地跑完52.2英里，相当于两个马拉松的距离。

远藤光永是完成比叡山马拉松7年誓言的僧侣中，寥寥几位还在世的人之一。2010年，他接受了美国国家公共广播电台的采访，讲述了自己跑步过程中最重要的精神收获。他指出，僧侣在完成700次跑步后，要进行为期9天的不眠斋戒。这项仪式让光永很虚弱，要靠其他僧侣照顾才能活下来。在这7年中，他的身体素质和精神毅力都有了大幅提升，他对此最深刻的见解是："大家都以为自己独自活在世上，不依靠他人。这是不可能的。"

愿意依靠他人——无论是精神上还是身体上的支持——是一个宝贵的经验，它超越了比赛本身。肖恩·比尔登第一次跑100英里时，平均完赛时间是28小时，他的教练在他夜间跑步的时候陪伴着他。"我想全靠自己，但是在这种情况下，我还是需要别人的支持。"他说。到了赛程后半段，比尔登很容易忘记照顾好自己。他的教练会经常问他："你喝水吗？吃东西吗？"对于经常默默承受痛苦的人来说，接受其他人一点一滴的关心算是迈出了一大步。在被问到"你还好吗？"或是"需要我帮忙吗？"时，这样做可以让你学着不要将别人拒之门外。

比尔登发现自己长期以来“独自前行，全靠自己”的生活方式，正是诱发自己抑郁的原因之一。他将自己这种思维方式描述为“一种孤独的感觉，一定要发挥出自己的每一分潜力，要尽力做到最好，而且得必须全靠自己”。他的教练陪他一起跑，给了他新的启发，而且一起跑的过程中并没有让他感觉教练像一根拐杖。“我还在靠自己，我很欣赏这点，但有一个朋友跟我分享这些，并不代表我自己就没有能力完成。”他对我说，“如果之前我接受了别人的帮助，我会觉得自己很弱。”

在最近的一篇博客上，比尔登与其他超级跑友分享说，他这辈子大部分时间里都无法想象 45 岁以后的生活。他一直以为自己活不到 45 岁就会自杀。在这篇文章里，比尔登反思道，跑步对他来说既是一种心理治疗，也是快乐的源泉。他感谢妻子在他最黑暗的时刻支持他，而接受她的帮助是自己经历过最艰难，也是最重要的一件事。他希望任何企图自杀或患有抑郁的人都知道：你不是一个人，不要害怕寻求帮助。发这篇博客的那天是他 46 岁的生日。他写道：“现在我活到多少岁都不意外了。”

THE
JOY OF
MOVEMENT

08

探索新的自我

运动给我们带来快乐、身份认同感、归属感和希望；运动让我们进入有益自己身心健康的环境，无论是户外的自然环境，还是能挑战自我的环境，抑或是能提供支持的社群；我们能够重新定义自己，重新思考自己的可能性。运动让社交变得容易，让我们有可能超越自我。

运动之所以有如此重要的地位，是因为它可以满足人类的许多需求，更因为它是有着很高精神价值的基本活动。

我在写这本书时，书房墙上一块从地板延伸到天花板的软木板帮了很大的忙。一开始，板子上只有零散的只言片语和索引卡片：我希望联系的人，以及需要进一步了解的科学概念。写到后面，许多与我交谈过的人，都给我寄了跟他们的故事相关的照片。我把它们打印出来，钉在板子上，和他们发布在社交媒体上的照片以及视频截图放在一起。

那块木板上，我最喜欢的一张照片是金伯利·索格分享给我的，她是渥太华赛艇俱乐部八位女性组成的大师队中的一员。那张照片拍摄于 2017 年 10 月，她们刚参加完第 53 届查尔斯河划艇赛——世界上规模最大的划艇赛事，为期两天。比赛的那个周末，将波士顿市和剑桥市分隔开来的查尔斯河岸边聚集了超过 30 万观众，他们前来观看来自世界各地的运动员们在河上比赛。渥太华赛艇队参加了女子大师赛老年组的比赛，成绩尚可。老年组比赛要求队伍平均年龄在 50 岁以上。对这群人来说，参加查尔斯河划艇赛是美梦成真。她们抵达剑桥后，队伍中的舵手，即负责控制方向、喊口号的人，给每位队员都送了一份礼物，那是她 8 岁的女儿用美工纸给赛艇队的队员们做的。她当时很喜欢迪士尼的《海洋奇缘》(*Moana*)，并且希望队员们能带着特菲提之心[①]去河上划船。

周六上午10点刚过，女子大师赛老年组的比赛开始了，渥太华赛艇队的队员们把美工纸做的心跟身份证明一起放在胸口上。当时天气反常，很像夏天，队员们迎着明媚的阳光，扛着58英尺长的赛艇走向码头，放入河中，跟其他几百艘船一起缓缓向起点划去。队员们面向舵手坐下，她们手里的桨都有着渥太华划艇俱乐部的标志。她们划向起点时，舵手说："女士们，我们到了。"这句话在提醒她们享受当下。裁判喊道："渥太华划艇俱乐部，30号船，该你们了！"舵手喊道："到了，上吧！"

队员们需要更多地依靠听觉，而不是视觉，因此索格对那场比赛的回忆更多的是声音。与划桨频率同步的喘气声，桨跟桨架碰撞的咔嗒声，水流过划艇下面的声音，经过桥底时的回音；还有墨西哥城的一位朋友，当船员们经过的时候用独特的声音在桥上喊："渥太华加油！"队员们凭着早起、下班后和周末的不断训练积累了信任和团队精神，她们不断向上游前进。赛道全长3英里，她们划到最后100米时，舵手喊道："快给我，把你们的'心'给我！我要特菲提之心，现在就要！"

"那一刻，我们拼尽了全力。"索格对我说，"那一刻凝聚了痛

① 译注：电影中海洋之神的宝物。

苦、努力、熟练，还有天人合一的感觉，我们谁都不会忘记。”她们用时 20 分 37 秒，在 38 支队伍中排名第 31 位。这个成绩让她们很激动。她们完成了一同划完一场比赛的目标。在划回码头时，她们停下了手里的桨，让船漂了一会儿。舵手想起了女儿给大家的礼物。“现在请大家把‘心’交给河流。”她指示道。大家又累又开心，从胸前取下浸满汗水的“心”。大家一起数到三，将“心”扔进了河里。索格给我的照片就捕捉了这一幕。照片中，大家的胳膊都伸向了空中。那颗“心”还捏在她们手里，大家的动作像划船时一样一致。索格还记得看到“心”飞出去时那种开心的感觉。她当时想，即使是这么美好的事物也像流水一样逝去了。

有一天，我又一次望着那块看了无数次的木板，想到这些照片是多么有意思。我们不会记录不重要的事。之所以有这些照片，是因为人们在记录他们想要记住的时刻。人们将身体上的成就拍成视频并且分享出来，还在健身之后举起满是汗水的手臂一起自拍。当然人们也珍惜其他照片中的记忆，比如把比赛号码牌和家人照片放在一起，或是留着 20 年前的一件 T 恤，这点很重要。木板上的照片，证明了运动能让我们凝聚起来，展现出我们最好的一面。这些照片能提醒我们，即使是像举重、攀岩、手拉手围成一圈这样简单的运动，也能以令人惊讶的方式赋予意义。这些瞬间被照片捕捉下来，通过物品保存下来，又以故事的形式被重新讲述。这些快乐、团结、胜利的瞬间凝结成清晰的记忆。随着时间的推移，还能塑造人格、凝聚团队。

2017 年，挪威伦理学家西格蒙·罗兰德（Sigmund Loland）在一篇论文中提出这样一个问题：如果科学技术真的足够发达，你会用吃一粒药的方式代替一次运动吗？科学家们已经在研制与运动有类似好处的药物。如果他们成功了呢？“想一想运动要花时间、精力，通常还要花钱，还有可能受伤，要是不选择用吃药代替锻炼，那一定与运动本身的价值有关。”罗兰德写道，“运动真的有这样的价值吗？如果有的话，是什么呢？”

根据我从本书中所了解到的科学知识和故事，以及我个人的经历，我认为答案毫无疑问是肯定的。运动给我们带来快乐、身份认同感、归属感和希望。运动让我们进入有益于自己身心健康的环境，无论是户外的自然环境，还是能挑战自我的环境，抑或是能提供支持的群体。我们能够重新定义自己，重新思考自己的可能性。运动让社交变得容易，让我们有可能超越自我。的确，这些好处都可以通过其他方式获得。无论是发现自我还是构建和谐的团队，方法都有很多。幸福可以在许多角色和消遣中找到，慰藉可以从诗歌、祈祷或艺术中获得。运动不需要取代这些意义和快乐的来源。运动之所以有如此重要的地位，是因为其可以满足人类的许多需求，这使得它值得被视为一项有着很高精神价值的基本活动。赛艇运动员金伯利·索格在向我介绍查尔斯河划艇赛为什么让她有了巅峰体验时，是这样说的：“人类最崇高的精神得以展示。”伦理学家西格蒙德·罗兰德也得出了类似的结论，他认为用吃药取代运动是很不明智的选择。他是这样写的："拒绝运动，就是拒绝了身为人类的一项重要体验。"

运动能帮我们调用几千年来人类赖以生存的本能：坚持、合作、构建相互支持的团队的能力，着眼未来、跨越障碍、承受苦难的能力，保护弱者的能力，感知自己与其他人、与世界的联系的能力，回馈社会、支援他人、互帮互助的能力。而运动让我们获益良多的根源，是快乐。快乐将跑步的快感、动作整齐划一激起的豪情和与自然合一的感觉联系在一起。仪式和音乐都是通过快乐吸引我们的。让我们突破极限，与他人合作，甚至看到他人的成就而产生的满足感，根源也都是快乐。运动让我们认识到最好的自己，让我们感到快乐。快乐不仅是短暂的愉悦和自豪感，还有更深层次的含义，是来自目标感和归属感的快乐，感觉自己与更宏大的存在联系在一起的快乐。这种快乐更应该被描述为希望。

运动在心理和社交方面的益处很容易体会。哲学家道格·安德森（Doug Anderson）这样说："可能性——运动让人改变的能力——是对我们所有人开放的，只要我们能够意识到，并愿意关注自己的体验。"你不需要用什么特定的训练方法，也没有指定的路线或方案，只要追随你自己的快乐。如果你在寻找一个指导方针，那只有三个字：动起来。无论怎么运动、运动多久、是什么运动，只要能让你开心就好。心怀感激地调动身上所有能动的部位。你可以自己运动，也可与他人一起运动；在家里运动，在户外运动；可以跟着音乐运动，也可以安安静静地运动。设定对你个人有意义的目标，一点点地尝试，然后迈一大步。去寻找新的体验，探索新的自我。关注这些运动给你带来的感受，给你的改变。倾听身体的声音。允许自己去做让自己感觉良好的事情，让自己陶醉在运动带来的隐喻和意义中。寻找能激励你，让你有归属感的地方、人们和团体。尽你所能跟紧快乐的脚步。

本书的校对工作接近尾声时，我在木板上又加了一张照片。这张照片是万圣节那天，我在当地健身房教授舞蹈课后拍的。尽管舞蹈课早上 8 点就开始了，大家还是都装扮好赶来了：人们装扮成蜘蛛、黑猫、魔法师、大黄蜂、骷髅，还有两位神奇女侠。我带了柿子和刚摘下来的苹果，放在一个“不给糖就捣蛋”的桶里，让大家下课后享用，还有一位学员带了巧克力。那天课上用的音乐没什么大变化，不过我还是悄悄放了几首万圣节的歌曲进去。我们像狼一样嚎叫，像僵尸一样走路，然后开怀大笑。

那天上课的学员中，有一位正在接受化疗，另一位刚刚失去了丈夫，还有一位女性学员不久前脑部受了伤，且失去了父亲。然而，每个人找到了来上课、来跳舞的理由，或者说，来上课、来跳舞本身就是理由。最后一套放松动作结束后，下一节课的学员们陆续走进来，我们让下节课的学员们先等一下，我们要先拍张合影。几周后，照片中的一位学员给我发了邮件，告诉我这堂课在过去的一年里对她的意义。“有时它给了我机会去感受坚强和力量，有时可以调节负面情绪，有时还能让我变得开心、乐观。我以前也有过这样的经历，这一年来，我觉得身边优秀的同学们真的能注意到我，而且支持着我。他们中的一些人正经历着自己的挑战，通过在这个集体里一起跳舞，我们从彼此身上汲取了力量，我意识到我并不孤单。”

我把她的邮件打印出来，钉在了木板上，旁边是万圣节舞蹈课上的合影。我为了创作本书而交谈过的每个人，都给了我他们拍摄的照片，我也都钉在了木板上。那上面有在强悍泥人赛上跳入泥潭的凯茜·梅里菲尔德的照片；有 GoodGym 健身房的跑步爱好者整理完捐赠物之后，在食物救济处外面的拍照留念；有综合健身训练的教练凯蒂·诺里斯牧师扛着丈夫在海滩上跑步的照片；有科斯塔斯·卡拉吉奥吉斯为布鲁内尔大学的团队定制的 T 恤照片；有朱迪·班德在理疗中心的跑步机上第一次跑完 5 公里的留影；有为庆祝社区绿色空间组织成立 10 周年，绿色健身房的志愿者们的留影；有极限赛跑运动员肖恩·比尔登在 Instagram 上那张山区石板路的照片；有乔安娜·伯尼拉与德文·帕勒莫在 DPI 练习拳击，并且登上伟大之墙的照片；有茱莉亚音乐学院帕金森病舞蹈班上，大家欢快地举起双臂的照片；有诺拉·海菲尔客厅里数不胜数的半程马拉松奖牌的照片；有阿马拉·麦克菲在接受开胸手术后，第一次去 305

健身房，和她的“健身家人”的合影；有我的妹妹和丈夫并肩跑步，中间的推车里坐着他们的双胞胎女儿的照片；还有那天早上 8 点的舞蹈课上，跟朋友们一起为生活喝彩的合影……

我站在木板前，看着这些代表了毅力、勇气和团结的照片，心潮澎湃。这就是希望。

内容来源的说明

本书包含了许多人的个人经历。若书中出现的是全名，代表他/她已同意以真名分享自己的故事，或他们的故事已经出版或公开发表过。若书中只出现名字，未提及姓，代表他/她希望分享自己的故事，但不希望公开身份（此时书中的名字为化名，或征得本人同意后，使用其本来的名字），或者我无法联系到故事的主人公以征得同意（比如，该故事只在一篇论文中出现过，而论文中又使用了化名）。注明主人公全名的故事均来自本人对我的口述（面对面，或通过电话、Skype、电子邮件或社交网络），或者在本书末尾的研究参考文献中另有说明。此文献列表列举了支持本书观点的文献，但并非详尽无遗。我已尽力将书中提及的重要论文和具体研究项目囊括进去。在这本书中，我描述了在非人类动物身上进行的研究。我认为，在进行此类研究并从中获利时，需要认真考虑道德问题。只有此类研究是我要阐述的观点的重要科学依据时，我才会提及。此类研究在执行期间，遵循了科学界在对待非人类被试时达成的伦理共识。

致　谢

创作一本书就像跑极限马拉松一样，而我也像其他极限运动员一样，无法独自完成。

在本书的出版工作中，我要感谢我的代理人泰德·韦恩斯坦，他一直是一位优秀的代理人和伙伴。我还要对艾弗里和企鹅兰登书屋的团队表示深深的感谢。感谢我的发行人、编辑梅根·纽曼负责这个项目。你相信我的好奇心，建议我用更长远的眼光，去跟随有趣的线索。我还要感谢编辑妮娜·希尔德在校对工作期间给予的耐心和指导，还有汉娜·斯泰格梅耶在幕后的大力支持。感谢南希·英格里斯和詹妮斯·克修斯，不仅帮我找出错误，还给书稿画龙点睛。感谢林赛·戈登和凯茜·马龙尼，你们让宣传工作也变得有趣。我很高兴我们能保持多年的合作。

我的家人在还不知道我打算成为健身教练或是作家时，就一直在支持我。感谢我的母亲朱迪斯从跳蚤集市上淘来的许多健身视频，以及带我听音乐会，带我上舞蹈课。感谢我的父亲凯文开车送我往返课堂和排练场地。感谢父母为我展示及传递给我的对教书育人的热忱。感谢我的双胞胎妹妹简，在生活中一直鼓励着我，以及对本书倾注的热情。即使我不知道如何前进，你也一直激励着我。感谢我的丈夫布莱恩，在这段写作的极限马拉松中一直陪伴着我。像所有优秀的跑伴一样，你给我精神上的支持，在冲刺阶段让我专注，在我筋疲力尽、不知所措时，提醒我写作的初心。

我很荣幸能在此向多年来对我的身心健康提供帮助的健身教练和舞蹈教练表示公开的感谢。他们的名字我无法一一列举，包括巴里・摩尔、杰里・巴尼，还有琳达・保维利，他们在我小时候培养了我对舞蹈的热爱；还有波士顿联邦路上 HealthWorks 的教练们，那里是我第一次学习跆拳道的地方；斯坦福舞蹈系的工作人员们；朱迪・薛帕德・米赛特、玛格丽特・理查德，以及所有激励了我的先驱、模范，包括 Nia 的创始人黛比・罗萨斯、卡洛斯・罗萨斯和让我获益良多的 Nia 教练们；我曾有幸与之一同起舞的尊巴教练和乐手；Les Mills 的项目负责人和全球推广团队；BollyX、REFIT 和 305 健身房等所有给大家带来快乐的项目的创始人。

我要特别感谢多年来参加我的团体训练课的学员们，还有斯坦福有氧健身操及瑜伽社团——我自 2000 年起一直与他们合作开设课程。我要感谢我在 Nia 的第一位教练萨拉・拉米瑞兹，我最喜欢与她一起分享运动的快乐，她真正体现了建立团队的意义，并且在困难面前选择希望。

最重要的是，我想感谢所有在本书中分享了自己故事的人，以及那些允许我分享故事的组织机构。感谢你们的慷慨相助。你们参与到这个项目中来，是因为希望以此帮助、鼓励他人。这正是本书的核心，也是我写作的动机。我希望我在本书中真实、准确地反映了你们的经历，以及你们给世界带来的变化。如果本书改变了其他人的生活，你们功不可没。

注 释

序 言

P5 正如神经科学家丹尼尔·沃博特所写：Daniel M. Wolpert, Zoubin Ghahramani, and J. Randall Flanagan, “Perspectives and Problems in Motor Learning.” *Trends in Cognitive Sciences* 5, no. 11 (2001): 487– 4.

P6 正如哲学家道格·安德森所观察到的那样：Doug Anderson, “Recovering Humanity: Movement, Sport, and Nature.” *Journal of the Philosophy of Sport* 28, no. 2 (2001): 140– 0.

01 运动的快乐：如何在坚持中获取价值

P003 1855 年，苏格兰哲学家亚历山大·贝恩：Alexander Bain, *The Senses and the Intellect* (London: John W. Parker & Son, 1855).

P003 文化历史学家韦波尔·克里根 - 里德在自己回忆录的注脚中：Vybarr Cregan- eid, *Footnotes: How Running Makes Us Human* (New York: Thomas Dunne Books/ St. Martin's Press, 2017). Quote about the runner's high on p. 100.

P003 越野跑和铁人三项运动员斯科特·邓拉普：Scott Dunlap, “Understanding the Runner's High.” January 8, 2005; http:// www .atrailrunnersblog.com/ 2005/ 01/ understanding- unners- igh.html.

P003 在《跑步者的欣快感》一书中，丹·斯特恩：Dan Sturn, “How Humans Fly.” In Garth Battista, ed., *The Runner*'s *High: Illumination and Ecstasy in Motion* (Halcottsville, NY: Breakaway Books, 2014). Quote appears on p. 178.

P004 红迪网上有一个讨论跑步快感的帖子：https:// www.reddit.com/ r / running/ comments/ 1nbmjc/ what_ does_ the_ runners_ high_ actually _ feel_ like/.

P004 极限赛跑运动员斯特芬尼……快感的 : Stephanie Case, “Riding the Runner's Highs and Braving the Lows.” March 10, 2011; https:// ultrarunnergirl.com/ 2011/ 03/ 10/ highs_ and_ lows/.

P004 生物学家丹尼斯・布兰布尔和古人类学家丹尼尔・利伯曼 : Dennis M. Bramble and Daniel E. Lieberman, “Endurance Running and the Evolution of *Homo*.” *Nature* 432, no. 7015 (2004): 345– 2.

P006 庞泽回忆说 : Although Herman Pontzer shared this story with me in our conversation, the quote I used is from the Story Collider podcast where I first heard him tell it. You can listen to the story here: https:// www .storycollider.org/ stories/ 2016/ 10/ 22/ herman- ontzer- urning- alories.

P007 作为庞泽研究项目的一部分 : David A. Raichlen et al., “Physical Activity Patterns and Biomarkers of Cardiovascular Disease Risk in Hunter-Gatherers.” *American Journal of Human Biology* 29, no. 2 (2017): doi: 10.1002/ ajhb.22919.

P007 而美国人则恰恰相反 : Jared M. Tucker, Gregory J. Welk, and Nicholas K. Beyler, “Physical Activity in US Adults: Compliance with the Physical Activity Guidelines for Americans.” *American Journal of Preventive Medicine* 40, no. 4 (2011): 454– 61; Vijay R. Varma et al., “Re-evaluating the Effect of Age on Physical Activity over the Lifespan.” *Preventive Medicine* 101 (2017): 102– 8.

P007 哈扎人完全没有工业社会如此普遍的心血管疾病 : Raichlen et al., “Physical Activity Patterns and Biomarkers of Cardiovascular Disease Risk in Hunter-Gatherers.”

P008 与生活目标感有关 : Stephanie A. Hooker and Kevin S. Masters, “Purpose in Life Is Associated with Physical Activity Measured by Accelerometer.” *Journal of Health Psychology* 21, no. 6 (2016): 962– 71.

P008 人们在运动时通常比静止状态更愉快 : Neal Lathia et al., “Happier People Live More Active Lives: Using Smartphones to Link Happiness and Physical Activity.” *PLOS ONE* 12, no. 1 (2017): e0160589.

P008 活动量超过平常状态时 : Jaclyn P. Maher et al., “Daily Satisfaction with Life Is Regulated by Both Physical Activity and Sedentary Behavior.” *Journal of Sport and Exercise Psychology* 36, no. 2 (2014): 166– 78.

P008 经常运动的人如果以静态活动代替运动：Romano Endrighi, Andrew Steptoe, and Mark Hamer, "The Effect of Experimentally Induced Sedentariness on Mood and Psychobiological Responses to Mental Stress." *The British Journal of Psychiatry: The Journal of Mental Science* 208, no. 3 (2016): 245– 51.

P008 请他们减少每日步行的时长：Meghan K. Edwards and Paul D. Loprinzi, "Experimentally Increasing Sedentary Behavior Results in Increased Anxiety in an Active Young Adult Population." *Journal of Affective Disorders* 204 (2016): 166– 73; Meghan K. Edwards and Paul D. Loprinzi, "Effects of a Sedentary Behavior– Inducing Randomized Controlled Intervention on Depression and Mood Profile in Active Young Adults." *Mayo Clinic Proceedings* 91, no. 8 (2016): 984– 98; Meghan K. Edwards and Paul D. Loprinzi, "Experimentally Increasing Sedentary Behavior Results in Decreased Life Satisfaction." *Health Promotion Perspectives* 7, no. 2 (2017): 88– 94.

P008 普通美国成年人每天的平均步数是 4774 步：Tim Althoff et al., "Large-Scale Physical Activity Data Reveal Worldwide Activity Inequality." *Nature* 547, no. 7663 (2017): 336– 39.

P010 大自然创造了便于奔跑的骨骼：For reviews of anatomical and physiological adaptations in humans that support running and hiking, see: Bramble and Lieberman, "Endurance Running and the Evolution of *Homo*"; Herman Pontzer, "Economy and Endurance in Human Evolution." *Current Biology* 27, no. 12 (2017): R613– 21; Jay Schulkin, "Evolutionary Basis of Human Running and Its Impact on Neural Function." *Frontiers in Systems Neuroscience* 10 (2016): 59.

P010 用赫尔曼・庞泽的话说：Herman Pontzer, "The Exercise Paradox." *Scientific American*, February 2017. Quote appears on p. 27.

P010 高强度运动会引起内啡肽激增：Tiina Saanijoki et al., "Opioid Release After High- Intensity Interval Training in Healthy Human Subjects." *Neuropsychopharmacology* 43, no. 2 (2018): 246– 54; Henning Boecker et al., "The Runner's High: Opioidergic Mechanisms in the Human Brain." *Cerebral Cortex* 18, no. 11 (2008): 2523– 31.

P010 大麻的许多作用与运动引起的兴奋感一致：Patrick M. Whitehead, "The

Runner's High Revisited: A Phenomenological Analysis." *Journal of Phenomenological Psychology* 47, no. 2 (2016): 183– 98.

P011 赖希伦请经常跑步的人……跑步模式 : David A. Raichlen et al., "Exercise-Induced Endocannabinoid Signaling Is Modulated by Intensity." *European Journal of Applied Physiology* 113, no. 4 (2013): 869– 75.

P011 赖希伦决定让宠物狗也试试跑步机 : David A. Raichlen et al., "Wired to Run: Exercise- Induced Endocannabinoid Signaling in Humans and Cursorial Mammals with Implications for the 'Runner's High.' " *Journal of Experimental Biology* 215, no. 8 (2012): 1331– 36.

P012 科学家在单车运动……类似的内源性大麻素水平增高的现象 : Angelique G. Brellenthin et al., "Endocannabinoid and Mood Responses to Exercise in Adults with Varying Activity Levels." *Translational Journal of the American College of Sports Medicine* 2, no. 21 (2017): 138– 45; E. Heyman et al., "Intense Exercise Increases Circulating Endocannabinoid and BDNF Levels in Humans—Possible Implications for Reward and Depression." *Psychoneuroendocrinology* 37, no. 6 (2012): 844– 51; P. B. Sparling et al., "Exercise Activates the Endocannabinoid System." *NeuroReport* 14, no. 17 (2003): 2209– 11; M. Feuerecker et al., "Effects of Exercise Stress on the Endocannabinoid System in Humans Under Field Conditions." *European Journal of Applied Physiology* 112, no. 7 (2012): 2777– 81.

P012 比如茱莉亚：Quote and details about Julia are from a case study reported in Elizabeth Cassidy, Sandra Naylor, and Frances Reynolds, "The Meanings of Physiotherapy and Exercise for People Living with Progressive Cerebellar Ataxia: An Interpretative Phenomenological Analysis." *Disability and Rehabilitation* 40, no. 8 (2018): 894– 904.

P016 福斯特向 ESPN 的一位记者透露 : David Fleming, "Slow and Steady Wins the Planet." *ESPN,* February 11, 2011; http:// www.espn.com/ espn/ news/ story?id= 6110087.

P017 跑手阿德哈兰德・芬恩曾经说 : Adharanand Finn, "Why We Love to Run." *The Guardian,* February 5, 2013; https:// www.theguardian.com/ lifeandstyle/ the- running- blog/ 2013/ feb/ 05/ why-we-love-to-run.

P018 临床实验发现 : Robin Christensen et al., “Efficacy and Safety of the Weight-Loss Drug Rimonabant: A Meta- Analysis of Randomised Trials.” *The Lancet* 370, no. 9600 (2007): P1706– 13.

P018 莫里斯是这么描述 60 毫升利莫那班的作用的 : Hamilton Morris, “New Frontiers of Sobriety.” *Vice*, July 31, 2009; https:// www.vice.com/ en_ us/ article/ kwg8ny/ new- frontiers-of-sobriety- 984- v16n8.

P018 如果给喜欢奔跑的鼠类服用这种药物 : Brooke K. Keeney et al., “Differential Response to a Selective Cannabinoid Receptor Antagonist (SR141716: Rimonabant) in Female Mice from Lines Selectively Bred for High Voluntary Wheel- Running Behaviour.” *Behavioural Pharmacology* 19, no. 8 (2008): 812– 20; Sarah Dubreucq et al., “Ventral Tegmental Area Cannabinoid Type-1 Receptors Control Voluntary Exercise Performance.” *Biological Psychiatry* 73, no. 9 (2013): 895– 903.

P018 阻断了内源性大麻素……两大好处 : Johannes Fuss et al., “A Runner’s High Depends on Cannabinoid Receptors in Mice.” *Proceedings of the National Academy of Sciences of the USA* 112, no. 42 (2015): 13105– 8.

P019 在活动量大的日子里，那些有压力的事 : Eli Puterman et al., “Physical Activity and Negative Affective Reactivity in Daily Life.” *Health Psychology* 36, no. 12 (2017): 1186– 94.

P019 在实验中得出 : Andreas Ströhle et al., “The Acute Antipanic and Anxiolytic Activity of Aerobic Exercise in Patients with Panic Disorder and Healthy Control Subjects.” *Journal of Psychiatric Research* 43, no. 12 (2009): 1013– 17.

P021 科学家发现了三种可能会放大这种效果的因素 : Nora D. Volkow, Aidan J. Hampson, and Ruben D. Baler, “Don’t Worry, Be Happy: Endocannabinoids and Cannabis at the Intersection of Stress and Reward.” *Annual Review of Pharmacology and Toxicology* 57 (2017): 285– 308.

P021 还会让人感觉与他人亲近 : D. S. Karhson, A. Y. Hardan, and K. J. Parker, “Endocanna-binoid Signaling in Social Functioning: an RDoC Perspective.” *Translational Psychiatry* 6, no. 9 (2016): e905; Don Wei et al., “Endocannabinoid Signaling in the Control of Social Behavior.” *Trends in Neurosciences* 40, no. 7

(2017): 385– 96.

P021 给小白鼠注射大麻素阻断剂 : Viviana Trezza, Petra J. J. Baarendse, and Louk J. M. J. Vanderschuren, “The Pleasures of Play: Pharmacological Insights into Social Reward Mechanisms.” *Trends in Pharmacological Sciences* 31, no. 10 (2010): 463– 69.

P021 而且在鼠类身上，还观察到了母鼠不再关心幼鼠的现象 : Michal Schechter et al., “Blocking the Postpartum Mouse Dam’s CB1 Receptors Impairs Maternal Behavior as Well as Offspring Development and Their Adult Social-Emotional Behavior.” *Behavioural Brain Research* 226, no. 2 (2012): 481– 92.

P022 在跑步过程中 : I first heard John Cary’s anecdote on Creating Our Own Lives podcast, then communicated via email. “My Best Conversations with Men Happen While Running.” June 10, 2016; https:// podtail.com/ podcast/ creating-our- own- lives/ 4-running-my-best- conversations- with- men- happ/.

P022 有时我的家人会催促我出门跑步 : Alice Leadbeter, “Alice’s Inspirational Running Story: Running Has Helped Me on So Many Levels.” *261 Fearless*; http:// www.261fearless.org/ blog/ 1/ alices- inspirational- running- story-running- has- helped-me-on-so-many- levels/.

P022 在健身的日子里 : Kevin C. Young et al., “The Cascade of Positive Events: Does Exercise on a Given Day Increase the Frequency of Additional Positive Events?” *Personality and Individual Differences* 120 (2018): 299– 303.

P022 一起健身的日子里，两个人的关系会更为亲密 : Jeremy B. Yorgason et al., “Marital Benefits of Daily Individual and Conjoint Exercise Among Older Couples.” *Family Relations* 67, no. 2 (2018): 227– 39.

P023 这就是为什么人类进化出了眼白 : Brian Hare, “Survival of the Friendliest: *Homo sapiens* Evolved via Selection for Prosociality.” *Annual Review of Psychology* 68 (2017): 155– 86.

P023 另一种适应性的进化是神经系统对分享和合作的奖励 : Jamil Zaki and Jason P. Mitchell, “Prosociality as a Form of Reward- Seeking.” In Joshua David Greene, India Morrison, and Martin E. P. Seligman, eds., *Positive Neuroscience* (New York: Oxford University Press, 2016); Carolyn H. Declerck, Christophe

Boone, and Griet Emonds, "When Do People Cooperate? The Neuroeconomics of Prosocial Decision Making." *Brain and Cognition* 81, no. 1 (2013): 95–117.

P023 相互合作会激活大脑连接奖赏机制的区域：James K. Rilling et al., "A Neural Basis for Social Cooperation." *Neuron* 35, no. 2 (2002): 395–405; Jean Decety et al., "The Neural Bases of Cooperation and Competition: An fMRI Investigation." *Neuroimage* 23, no. 2 (2004): 744–51.

P024 围坐在篝火旁会促进人类的社会联结：Christopher Dana Lynn, "Hearth and Campfire Influences on Arterial Blood Pressure: Defraying the Costs of the Social Brain Through Fireside Relaxation." *Evolutionary Psychology* 12, no. 5 (2014): 983–1003.

P024 罗马第一大学的一项实验表明：Giovanni Di Bartolomeo and Stefano Papa, "The Effects of Physical Activity on Social Interactions: The Case of Trust and Trustworthiness." *Journal of Sports Economics* (2017): doi.org/ 10.1177/ 1527002517717299.

P026 英国半数的老人：Susan Davidson and Phil Rossall, "Evidence Review: Loneliness in Later Life." Age UK, July 2014. Available at: https:// www.ageuk.org.uk/ Documents/ EN-GB/ For- professionals/ Research/ Age% 20UK% 20Evidence% 20Review% 20on% 20Loneliness% 20July% 202014.pdf.

P026 英格兰和威尔士有 20 万老人：Ceylan Yeginsu, "U.K. Appoints a Minister for Loneliness." *New York Times,* January 17, 2018; https:// www.nytimes.com/ 2018/ 01/ 17/ world/ europe/ uk-britain- loneliness.html.

P026 一位向 GoodGym 申请被探望的老人解释：*Evaluation of GoodGym,* a 2015–2016 study conducted by Ecorys, funded by Nesta's Centre for Social Action Innovation Fund; https:// media.nesta.org.uk/ documents/ good_ gym_ evaluation.pdf.

P028 极限赛跑运动员阿米特·谢恩写道：Amit Sheth, *Dare to Run* (Mumbai: Sanjay and Company, 2011). Quote appears on p. 61.

P029 这是因为定期运动影响大脑……的密度：Valentina De Chiara et al., "Voluntary Exercise and Sucrose Consumption Enhance Cannabinoid CB1 Receptor Sensitivity in the Striatum." *Neuropsychopharmacology* 35, no. 2

(2010): 374– 87; Matthew N. Hill et al., “Endogenous Cannabinoid Signaling Is Required for Voluntary Exercise-Induced Enhancement of Progenitor Cell Proliferation in the Hippocampus.” *Hippocampus* 20, no. 4 (2010): 513– 23.

02 大脑奖赏机制：运动是摆脱抑郁的良药

P033 后来他写道 : Frederick Baekeland, “Exercise Deprivation: Sleep and Psychological Reactions.” *Archives of General Psychiatry* 22, no. 4 (1970): 365– 69.

P033 先后出现了众多研究，其结果都显示长期运动者 : Julie A. Morgan et al., “Does Ceasing Exercise Induce Depressive Symptoms? A Systematic Review of Experimental Trials Including Immunological and Neurogenic Markers.” *Journal of Affective Disorders* 234 (2018): 180– 92; Eugene V. Aidman and Simon Woollard, “The Influence of Self- Reported Exercise Addiction on Acute Emotional and Physiological Responses to Brief Exercise Deprivation.” *Psychology of Sport and Exercise* 4, no. 3 (2003): 225– 36; Ali A. Weinstein, Christine Koehmstedt, and Willem J. Kop, “Mental Health Consequences of Exercise Withdrawal: A Systematic Review.” *General Hospital Psychiatry* 49 (2017): 11– 18.

P033 匈牙利运动科学家阿提拉·萨博表示 : Attila Szabo, “Studying the Psychological Impact of Exercise Deprivation: Are Experimental Studies Hopeless?” *Journal of Sport Behavior* 21, no. 2 (1998): 139– 47.

P034 这种现象——所谓的注意捕获 : Boris Cheval et al., “Behavioral and Neural Evidence of the Rewarding Value of Exercise Behaviors: A Systematic Review.” *Sports Medicine* 48, no. 6 (2018): 1389– 1404.

P034 自称为健身成瘾者的人看到其他人健身的照片 : Yu Jin Kim et al., “The Neural Mechanism of Exercise Addiction as Determined by Functional Magnetic Resonance Imaging (fMRI).” *Journal of Korean Association of Physical Education and Sport for Girls and Women* 32, no. 1 (2018): 69– 80.

P034 有一小部分健身者 : Kata Mónok et al., “Psychometric Properties and Concurrent Validity of Two Exercise Addiction Measures: A Population Wide Study.” *Psychology of Sport and Exercise* 13, no. 6 (2012): 739– 46.

P034　一位 46 岁的长跑者向研究者透露 : Joshua Justin Cook, “The Relationship Between Mental Health and Ultra- Running: A Case Study,” 2018. *Theses and Dissertations*. 2850 http:// scholarworks.uark.edu/ etd/ 2850.

P035　生物学家小西奥多・加兰德对一位纽约记者表示 : Nicola Twilley, “A Pill to Make Exercise Obsolete.” *The New Yorker,* November 6, 2017, 30– 35.

P035　运动生理学家萨缪尔・马可拉 : Samuele Marcora, “Can Doping Be a Good Thing? Using Psychoactive Drugs to Facilitate Physical Activity Behaviour.” *Sports Medicine* 46, no. 1 (2016): 1– 5.

P036　长期使用这种药物……分子开关 : Eric J. Nestler, “ΔFosB: A Molecular Switch for Reward.” *Journal of Drug and Alcohol Research* 2 (2013): article ID 235651.

P036　而这种蛋白质会触发……持久改变 : Nora D. Volkow and Marisela Morales, “The Brain on Drugs: From Reward to Addiction.” *Cell* 162, no. 4 (2015): 712– 25.

P037　科学家们已经观察到了大脑内的这些变化 : Deanna L. Wallace et al., “The Influence of ΔFosB in the Nucleus Accumbens on Natural Reward- Related Behavior.” *Journal of Neuroscience* 28, no. 41 (2008): 10272– 77.

P037　跑步也能触发成瘾的分子开关 : Martin Werme et al., “ΔFosB Regulates Wheel Running.” *Journal of Neuroscience* 22, no. 18 (2002): 8133– 38.

P037　在小白鼠身上进行的实验表明 : Martin Werme et al., “Running and Cocaine Both Upregulate Dynorphin mRNA in Medial Caudate Putamen.” *European Journal of Neuroscience* 12, no. 8 (2000): 2967– 74.

P037　进行转轮运动的小白鼠 : Anthony Ferreira et al., “Spontaneous Appetence for Wheel- Running: A Model of Dependency on Physical Activity in Rat.” *European Psychiatry* 21, no. 8 (2006): 580– 88.

P038　两周还不足以扳动分子开关 : Benjamin N. Greenwood et al., “Long- Term Voluntary Wheel Running Is Rewarding and Notes 230 Produces Plasticity in the Mesolimbic Reward Pathway.” *Behavioural Brain Research* 217, no. 2 (2011): 354– 62.

P038 惯于久坐的成人在开始高强度运动 : Jennifer J. Heisz et al., “Enjoyment for High- Intensity Interval Exercise Increases During the First Six Weeks of Training: Implications for Promoting Exercise Adherence in Sedentary Adults.” *PLOS ONE* 11, no. 12 (2016): e0168534.

P038 一项关于健身馆新成员的研究表明 : Navin Kaushal and Ryan E. Rhodes, “Exercise Habit Formation in New Gym Members: A Longitudinal Study.” *Journal of Behavioral Medicine* 38, no. 4 (2015): 652– 63.

P039 比如感到孤独的年轻单身母亲 : Barbara Walsh et al., “ ‘Net Mums’ : A Narrative Account of Participants’ Experiences Within a Netball Intervention.” *Qualitative Research in Sport, Exercise and Health* 10, no. 5 (2018): 604– 19.

P039 运动时我知道我是自由的 : Quote appears as part of a case study in Rebecca Y. Concepcion and Vicki Ebbeck, “Examining the Physical Activity Experiences of Survivors of Domestic Violence in Relation to Self- Views.” *Journal of Sport and Exercise Psychology* 27, no. 2 (2005): 197– 211.

P043 1976 年，马拉松选手伊安· 汤普森 : Valerie Andrews, “The Joy of Jogging,” *New York* 10, no. 1 (1976): 61. Accessed via: https:// books.google. com/ books? id= mYQpAQAAIAAJ.

P043 这种条件反射式兴奋被科学家叫作快乐之光 : J. Wayne Aldridge and Kent C. Berridge, “Neural Coding of Pleasure: Rose- Tinted Glasses of the Ventral Pallidum.” In M. L. Kringelbach and K. C. Berridge, eds., *Pleasures of the Brain* (New York: Oxford University Press, 2010), 62– 73.

P043 精神病学家本杰明· 基辛表示 : Benjamin Kissin, “The Disease Concept of Alcoholism.” In R. G. Smart et al., *Research Advances in Alcohol and Drug Problems* (New York: Plenum Press, 1983), 93– 126. Example cited on 113.

P047 长期使用成瘾药物还会降低 : Nora D. Volkow, George F. Koob, and A. Thomas McLellan, “Neurobiologic Advances from the Brain Disease Model of Addiction.” *New England Journal of Medicine* 374, no. 4 (2016): 363– 71.

P048 这就是神经学家所谓的成瘾的黑暗面 : George F. Koob and Michel Le Moal, “Plasticity of Reward Neurocircuitry and the ‘Dark Side’ of Drug Addiction.” *Nature Neuroscience* 8, no. 11 (2005): 1442– 44; George F. Koob and Michel Le Moal, "Addiction and the Brain Antireward System." *Annual Review of Psychology* 59 (2008): 29– 53.

P048 对于规律性运动……而是进行鼓励：Christopher M. Olsen, "Natural Rewards, Neuroplasticity, and Non- Drug Addictions." *Neuropharmacology* 61, no. 7 (2011): 1109– 22; Lisa S. Robison et al., "Exercise Reduces Dopamine D1R and Increases D2R in Rats: Implications for Addiction." *Medicine and Science in Sports and Exercise* 50, no. 8 (2018): 1596– 1602.

P048 在对动物和人类的研究中：For some examples, see Maciej S. Buchowski et al., "Aerobic Exercise Training Reduces Cannabis Craving and Use in Non-Treatment Seeking Cannabis- Dependent Adults." *PLOS ONE* 6, no. 3 (2011): e17465; Dongshi Wang et al., "Aerobic Exercise Training Ameliorates Craving and Inhibitory Control in Methamphetamine Dependencies: A Randomized Controlled Trial and Event- Related Potential Study." *Psychology of Sport and Exercise* 30 (2017): 82– 90; Maryam Alizadeh, Mahdi Zahedi- Khorasani, and Hossein Miladi- Gorji, "Treadmill Exercise Attenuates the Severity of Physical Dependence, Anxiety, Depressive- Like Behavior and Voluntary Morphine Consumption in Morphine Withdrawn Rats Receiving Methadone Maintenance Treatment." *Neuroscience Letters* 681 (2018): 73– 77; Dongshi Wang et al., "Impact of Physical Exercise on Substance Use Disorders: A Meta- Analysis." *PLOS ONE* 9, no. 10 (2014): e110728.

P048 让正接受冰毒成瘾治疗的成年人：Chelsea L. Robertson et al., "Effect of Exercise Training on Striatal Dopamine D2/ D3 Receptors in Methamphetamine Users During Behavioral Treatment." *Neuropsychopharmacology* 41, no. 6 (2016): 1629– 36.

P048 而是持续的深部脑刺激术：Thomas E. Schlaepfer et al., "Rapid Effects of Deep Brain Stimulation for Treatment- Resistant Major Depression." *Biological Psychiatry* 73, no. 12 (2013): 1204– 12; Manoj P. Dandekar et al., "Increased Dopamine Receptor Expression and Anti- Depressant Response Following Deep Brain Stimulation of the Medial Forebrain Bundle." *Journal of Affective Disorders* 217 (2017): 80– 88.

P049 对 25 份随机临床实验的结果进行元分析：Felipe B. Schuch et al., "Exercise as a Treatment for Depression: A Meta- Analysis Adjusting for Publication

Bias." *Journal of Psychiatric Research* 77 (2016): 42– 51.

P049 另一份对 13 篇论文的综述：Gioia Mura et al., "Exercise as an Add-On Strategy for the Treatment of Major Depressive Disorder: A Systematic Review." *CNS Spectrums* 19, no. 6 (2014): 496– 508.

P049 这种损耗会导致每天的快乐感降低：Linh C. Dang et al., "Reduced Effects of Age on Dopamine D2 Receptor Levels in Physically Active Adults." *NeuroImage* 148 (2017): 123– 29.

P050 开始在白鼠身上进行选择性繁殖实验：Justin S. Rhodes and Petra Majdak, "Physical Activity and Reward: The Role of Dopamine." In Panteleimon Ekkekakis, ed., *Routledge Handbook of Physical Activity and Mental Health* (New York: Routledge, 2013).

P051 我们逐渐演变出一组共享的基因组：Ayland C. Letsinger et al., "Alleles Associated with Physical Activity Levels Are Estimated to Be Older Than Anatomically Modern Humans." *PloS ONE* 14, no. 4 (2019): e0216155.

P051 也许我们了解到的关于运动对人类大脑的影响：For an interesting discussion of how our ancestors' need to be active led to the modern neuroprotective benefits of exercise, see David A. Raichlen and Gene E. Alexander, "Adaptive Capacity: An Evolutionary Neuroscience Model Linking Exercise, Cognition, and Brain Health." *Trends in Neurosciences* 40, no. 7 (2017): 408–21.

P051 在运动上的区别大概有 50% 是基因决定的：Xueying Zhang and John R. Speakman, "Genetic Factors Associated with Human Physical Activity: Are Your Genes Too Tight to Prevent You Exercising?" *Endocrinology* (2019): https://doi.org/10.1210/en.2018-00873; J. Timothy Lightfoot et al., "Biological/Genetic Regulation of Physical Activity Level: Consensus from GenBioPAC." *Medicine & Science in Sports & Exercise* 50, no. 4 (2018): 863–73.

P052 那么遗传因素的影响就降低到 12% ~ 37% 了：Nienke M. Schutte et al., "Heritability of the Affective Response to Exercise and Its Correlation to Exercise Behavior." *Psychology of Sport and Exercise* 31 (2017): 139–48.

P052 近期进行的大规模、全基因组的研究：For examples, see Yann C. Klimentidis et al., "Genome-Wide Association Study of Habitual Physical Activity in Over

377,000 UK Biobank Participants Identifies Multiple Variants Including CADM2 and APOE." *International Journal of Obesity* 42 (2018): 1161–76; Xiaochen Lin et al., "Genetic Determinants for Leisure-Time Physical Activity." *Medicine and Science in Sports and Exercise* 50, no. 8 (2018): 1620–28; Aiden Doherty et al., "GWAS Identifies 14 Loci for Device-Measured Physical Activity and Sleep Duration." *Nature communications* 9, no. 1 (2018): 5257.

P054 科学家已经在多个基因上发现了若干条 DNA 链 : For examples, see Marcus K. Taylor et al., "A Genetic Risk Factor for Major Depression and Suicidal Ideation Is Mitigated by Physical Activity." *Psychiatry Research* 249 (2017): 304–6; Helmuth Haslacher et al., "Physical Exercise Counteracts Genetic Susceptibility to Depression." *Neuropsychobiology* 71, no. 3 (2015): 168–75; Dharani Keyan and Richard A. Bryant, "Acute Exercise-Induced Enhancement of Fear Inhibition Is Moderated by BDNF Val66Met Polymorphism." *Translational Psychiatry* 9, no. 1 (2019): 131.

P056 一次简单的运动就能立刻减缓焦虑 : Matthew P. Herring, Mats Hallgren, and Mark J. Campbell, "Acute Exercise Effects on Worry, State Anxiety, and Feelings of Energy and Fatigue Among Young Women with Probable Generalized Anxiety Disorder: A Pilot Study." *Psychology of Sport and Exercise* 33 (2017): 31– 36; Matthew P. Herring et al., "Acute Exercise Effects Among Young Adults with Subclinical Generalized Anxiety Disorder: Replication and Expansion." *Medicine & Science in Sports & Exercise* 50, no. 5S (2018): 249– 50; Serge Brand et al., "Acute Bouts of Exercising Improved Mood, Rumination and Social Interaction in Inpatients with Mental Disorders." *Frontiers in Psychology* 9 (2018): 249.

P056 长期运动的效果尤为明显 : K. M. Lucibello, J. Parker, and J. J. Heisz, "Examining a Training Effect on the State Anxiety Response to an Acute Bout of Exercise in Low and High Anxious Individuals." *Journal of Affective Disorders* 247 (2019): 29– 35.

P056 2017 年，一份关于运动干预的元分析 : Brendon Stubbs et al., "An Examination of the Anxiolytic Effects of Exercise for People with Anxiety and Stress-Related Disorders: A Meta- Analysis." *Psychiatry Research* 249 (2017): 102– 8.

P057 也会影响大脑控制焦虑的区域 : Julie A. Morgan, Frances Corrigan, and

Bernhard T. Baune, "Effects of Physical Exercise on Central Nervous System Functions: A Review of Brain Region Specific Adaptations." *Journal of Molecular Psychiatry* 3, no. 1 (2015): 3.

P057 在对白鼠进行的实验中 : N. R. Sciolino et al., "Galanin Mediates Features of Neural and Behavioral Stress Resilience Afforded by Exercise." *Neuropharmacology* 89 (2015): 255– 64.

P058 而对人类来说，每周运动三次 : Karl- Jürgen Bä et al., "Hippocampal- Brainstem Connectivity Associated with Vagal Modulation After an Intense Exercise Intervention in Healthy Men." *Frontiers in Neuroscience* 10 (2016): 145.

P058 最新的研究甚至提出运动的新陈代谢副产品 : Nabil Karnib et al., "Lactate Is an Antidepressant That Mediates Resilience to Stress by Modulating the Hippocampal Levels and Activity of Histone Deacetylases." *Neuropsychopharmacology* (2019): 10.1038/ s41386- 019- 0313-z; Patrizia Proia et al., "Lactate as a Metabolite and a Regulator in the Central Nervous System." *International Journal of Molecular Sciences* 17, no. 9 (2016): 1450.

P058 在麦迪逊市威斯康星大学实验室的一次实验中 : Justin S. Rhodes, Theodore Garland Jr., and Stephen C. Gammie, "Patterns of Brain Activity Associated with Variation in Voluntary Wheel- Running Behavior." *Behavioral Neuroscience* 117, no. 6 (2003): 1243– 56.

P059 心碎的少年看到心爱之人的照片 : Helen E. Fisher et al., "Reward, Addiction, and Emotion Regulation Systems Associated with Rejection in Love." *Journal of Neurophysiology* 104, no. 1 (2010): 51– 60.

P059 母亲凝视着自己的孩子 : Shir Atzil et al., "Dopamine in the Medial Amygdala Network Mediates Human Bonding." *Proceedings of the National Academy of Sciences of the USA* 114, no. 9 (2017): 2361– 66.

P059 婴儿皮肤的味道 : Johan N. Lundström et al., "Maternal Status Regulates Cortical Responses to the Body Odor of Newborns." *Frontiers in Psychology* 4 (2013): 597.

P059 我最喜欢的标题之一 : Sophie Haslett, " 'I could just eat you up!' The scientific reason behind a mother's desire to nuzzle, nibble or EVEN gobble her baby revealed . . . and don't worry— it's perfectly natural." *Daily Mail Australia,* April 6, 2016.

P059 一篇研究论文用“戒断反应”来形容 : James P. Burkett and Larry J. Young, "The Behavioral, Anatomical and Pharmacological Parallels Between Social Attachment, Love and Addiction." *Psychopharmacology* 224, no. 1 (2012): 1– 26.

P060 科学家将大脑的反应比作上瘾 : Bianca P. Acevedo, "Neural Correlates of Human Attachment: Evidence from fMRI Studies of Adult Pair- Bonding." In Vivian Zayas and Cindy Hazan, eds., *Bases of Adult Attachment* (New York: Springer, 2015), 185– 94.

P060 母亲看到自己的孩子时，脑内会掀起多巴胺风暴 : Atzil et al., "Dopamine in the Medial Amygdala Network Mediates Human Bonding."

P060 在看到他人长期幸福的婚姻生活后 : Bianca P. Acevedo et al., "Neural Correlates of Long- Term Intense Romantic Love." *Social Cognitive and Affective Neuroscience* 7, no. 2 (2012): 145– 59.

P060 而寡妇或鳏夫 : Mary- Frances O' Connor et al., "Craving Love? Enduring Grief Activates Brain's Reward Center." *Neuroimage* 42, no. 2 (2008): 969– 72.

P060 父母越趋向于……形容自己的孩子 : Pilyoung Kim et al., "The Plasticity of Human Maternal Brain: Longitudinal Changes in Brain Anatomy During the Early Postpartum Period." *Behavioral Neuroscience* 124, no. 5 (2010): 695; Pilyoung Kim et al., "Neural Plasticity in Fathers of Human Infants." *Social Neuroscience* 9, no. 5 (2014): 522– 35.

03 自我意识的拓展：在团体运动下跨越自我

P066 法国社会学家爱米尔・杜尔凯姆提出 : Émile Durkheim, *The Elementary Forms of the Religious Life* (1912), English translation by Joseph Ward Swain, 1915 (New York: The Free Press, 1965).

P068 这种被现代研究者称为“集体欢腾”的感觉 : The term *collective joy* was proposed by Barbara Ehrenreich in Barbara Ehrenreich, *Dancing in the Streets:*

A History of Collective Joy (New York: Henry Holt, 2007). See also Edith Turner, *Communitas: The Anthropology of Collective Joy* (New York: Palgrave Macmillan, 2012).

P068 当舞者忘我地舞蹈着：A. R. Radcliffe- Brown, *The Andaman Islanders* (1st British ed., 1922; New York: Cambridge University Press, 1933). Quote appears on p. 252. Accessed at https:// archive.org/ details/ TheAndamanIslandersAStudyInSocialAnthropology.

P069 塔尔为了弄清楚……一起做了一个实验：Bronwyn Tarr et al., "Synchrony and Exertion During Dance Independently Raise Pain Threshold and Encourage Social Bonding." *Biology Letters* 11, no. 10 (2015): doi: 10.1098/rsbl.2015.076720150767.

P069 她又用静音迪斯科的形式多次重复了这个实验：Bronwyn Tarr, Jacques Launay, and Robin I. M. Dunbar, "Silent Disco: Dancing in Synchrony Leads to Elevated Pain Thresholds and Social Closeness." *Evolution and Human Behavior* 37, no. 5 (2016): 343– 49.

P070 内啡肽的确是产生集体快乐的原因之一：Bronwyn Tarr et al., "Naltrexone Blocks Endorphins Released When Dancing in Synchrony." *Adaptive Human Behavior and Physiology* 3, no. 3 (2017): 241– 54.

P070 一起练习瑜伽的陌生人反馈说：Ronald Fischer et al., "How Do Rituals Affect Cooperation? An Experimental Field Study Comparing Nine Ritual Types." *Human Nature* 24, no. 2 (2013): 115– 25.

P072 你的大脑就会把他人的身体视为你身体的延伸：Stephanie Cacioppo et al., "You Are in Sync with Me: Neural Correlates of Interpersonal Synchrony with a Partner." *Neuroscience* 277 (2014): 842– 58.

P072 动觉归属感：Tommi Himberg et al., "Coordinated Interpersonal Behaviour in Collective Dance Improvisation: The Aesthetics of Kinaesthetic Togetherness." *Behavioral Sciences (Basel)* 8, no. 2 (2018): 23.

P073 个体的个人空间感也会转移：I learned this fascinating fact from Anil Ananthaswamy, *The Man Who Wasn't There: Tales from the Edge of the Self* (New York: Penguin, 2016).

P074 2016 年 3 月，混合健身训练公司的所有者布兰登・伯杰龙 : Emily Lavin, "Community Effort Helps Grass Valley CrossFit Find New Home." *The Union,* July 14, 2016; https:// www.theunion.com/ news/ business/ community-effort- helps- grass- valley- crossfit- find- new- home/.

P075 它鼓励我们分享并互助 : Miriam Rennung and Anja S. Göritz, "Prosocial Consequ-ences of Interpersonal Synchrony: A Meta- Analysis." *Zeitschrift für Psychologie* 224, no. 3 (2016): 168– 89; Reneeta Mogan, Ronald Fischer, and Joseph A. Bulbulia, "To Be in Synchrony or Not? A Meta- Analysis of Synchrony's Effects on Behavior, Perception, Cognition and Affect." *Journal of Experimental Social Psychology* 72 (2017): 13– 20; Paul Reddish et al., "Collective Synchrony Increases Prosociality Towards Non-Performers and Outgroup Members." *British Journal of Social Psychology* 55, no. 4 (2016): 722– 38.

P075 甚至婴儿也表现出了这种趋势 : Laura K. Cirelli, "How Interpersonal Synchrony Facilitates Early Prosocial Behavior." *Current Opinion in Psychology* 20 (2018): 35– 39.

P076 我们人类有属于自己的"相互理毛"的方式 : Robin I. M. Dunbar, "The Anatomy of Friendship." *Trends in Cognitive Sciences* 22, no. 1 (2018): 32– 51.

P076 这些集体"理毛"行为 : Cole Robertson et al., "Rapid Partner Switching May Facilitate Increased Broadcast Group Size in Dance Compared with Conversation Groups." *Ethology* 123, no. 10 (2017): 736– 47.

P076 综观各种文化，大多数人的社交网络 : Dunbar, "The Anatomy of Friendship."

P077 二人仔细研究了美国全国的混合健身训练健身房: Mark Oppenheimer, "When Some Turn to Church, Others Go to CrossFit." *New York Times,* November 27, 2015; Angie Thurston on "Boutique Fitness Craze," *On Point* radio broadcast, January 6, 2016; http:// www.wbur.org/ onpoint/ 2016/ 01/ 07/ soulcycle- devotion- explanation.

P079 "跨距离慢跑"的应用程序 : Florian "Floyd" Mueller et al., "Jogging over a Distance: The Influence of Design in Parallel Exertion Games." In *Proceedings of the 5th ACM SIGGRAPH Symposium on Video Games*, Los

Angeles, CA, July 25– 29, 2010, 63– 68.

P080 世界上第一款陪跑机器人：Florian “Floyd” Mueller et al., “13 Game Lenses for Designing Diverse Interactive Jogging Systems.” In *Proceedings of the Annual Symposium on Computer- Human Interaction in Play*, ACM, 2017, 43– 56.

P081 布朗温·塔尔最近在虚拟现实中再现了她的舞蹈实验：Bronwyn Tarr, Mel Slater, and Emma Cohen, “Synchrony and Social Connection in Immersive Virtual Reality.” *Scientific Reports* 8, no. 1 (2018): 3693.

P083 威廉·H. 麦克尼尔：William H. McNeill, *Keeping Together in Time: Dance and Drill in Human History* (Cambridge, MA: Harvard University Press, 1995). Quotes from pp. 1– 2. Additional details about his basic training are from William McNeill, *The Pursuit of Truth: A Historian's Memoir* (Lexington: University Press of Kentucky, 2005), 45– 46.

P083 心理学家称这种……为“群众作用”：Elisabeth Pacherie, “The Phenomenology of Joint Action: Self- Agency Versus Joint Agency.” In Axel Seemann, ed., *Joint Attention: New Developments in Psychology, Philosophy of Mind, and Social Neuroscience* (Cambridge, MA: MIT Press, 2012), 343– 89.

P084 阿兹特克人、斯巴达人和祖鲁人：William H. McNeill, *The Pursuit of Power: Technology, Armed Force, and Society since A.D. 1000* (Chicago: University of Chicago Press, 1982).

P084 早期人类发展出同步运动也许是作为一种防御手段：Joachim Richter and Roya Ostovar, “ ‘It Don't Mean a Thing if It Ain't Got That Swing’ — an Alternative Concept for Understanding the Evolution of Dance and Music in Human Beings.” *Frontiers in Human Neuroscience* 10 (2016): 485.

P084 许多物种都会利用同步防御策略：Charlotte Duranton and Florence Gaunet, “Behavi-oural Synchronization from an Ethological Perspective: Overview of Its Adaptive Value.” *Adaptive Behavior* 24, no. 3 (2016): 181– 91; Valeria Senigaglia et al., “The Role of Synchronized Swimming as Affiliative and Anti-Predatory Behavior in Long- Finned Pilot Whales.” *Behavioural Processes* 91, no. 1 (2012): 8– 14.

P085 当参与者听到统一的脚步声时 : Daniel M. T. Fessler and Colin Holbrook, "Synchr-onized Behavior Increases Assessments of the Formidability and Cohesion of Coalitions." *Evolution and Human Behavior* 37, no. 6 (2016): 502– 9.

P085 任何动作一致的团体都因同一个目的聚在一起 : Daniël Lakens and Mariëlle Stel, "If They Move in Sync, They Must Feel in Sync: Movement Synchrony Leads to Attributions of Rapport and Entitativity." *Social Cognition* 29, no. 1 (2011): 1– 14.

P085 当人们一起前进时 : Daniel M. T. Fessler and Colin Holbrook. "Marching into Battle: Synchronized Walking Diminishes the Conceptualized Formidability of an Antagonist in Men." *Biology Letters* 10, no. 8 (2014): doi: 10.1098/rsbl.2014.0592.

P085 对现实世界中游行和示威的研究 : Dario Páez et al., "Psychosocial Effects of Perceived Emotional Synchrony in Collective Gatherings." *Journal of Personality and Social Psychology* 108, no. 5 (2015): 711– 29.

P087 研究者们研究了……对参与者的影响 : Kevin Filo and Alexandra Coghlan, "Exploring the Positive Psychology Domains of Well- Being Activated Through Charity Sport Event Experiences." *Event Management* 20, no. 2 (2016): 181– 99.

P089 那些集体运动参与度提高的人 : Taishi Tsuji et al., "Reducing Depressive Symptoms After the Great East Japan Earthquake in Older Survivors Through Group Exercise Participation and Regular Walking: A Prospective Observational Study." *BMJ Open* 7, no. 3 (2017): e013706.

P090 雅各布・德瓦尼一直在新奥尔良从事重建工作 : Jacob Devaney, "Research Shows Dancing Makes You Feel Better." *Uplift*, December 14, 2015.

P091 一群人通常会同步他们的运动和呼吸 : Erwan Codrons et al., "Spontaneous Group Synchronization of Movements and Respiratory Rhythms." *PLOS ONE* 9, no. 9 (2014): e107538.

P091 认知科学家马克・常逸梓用"天性驱使"这个词 : Mark Changizi, *Harnessed: How Language and Music Mimicked Nature and Transformed Ape to*

Man (Dallas: BenBella Books, 2011). Quote is on p. 5.

P091 你的心率越高 : Joshua Conrad Jackson et al., "Synchrony and Physiological Arousal Increase Cohesion and Cooperation in Large Naturalistic Groups." *Scientific Reports* 8, no. 1 (2018): 127.

P091 加入音乐也有同样的加强效果 : Jan Stupacher et al., "Music Strengthens Prosocial Effects of Interpersonal Synchronization— If You Move in Time with the Beat." *Journal of Experimental Social Psychology* 72 (2017): 39– 44.

P092 快乐的汗味和普通的汗味是不同的 : Jasper H. B. de Groot et al., "A Sniff of Happiness." *Psychological Science* 26, no. 6 (2015): 684– 700.

P092 这种现象似乎在各种文化中都是共通的 : Jasper H. B. de Groot et al., "Beyond the West: Chemosignaling of Emotions Transcends Ethno- Cultural Boundaries." *Psychoneuroendocrinology* 98 (2018): 177– 85.

P092 在分析了安达曼岛民的舞蹈仪式后 : Radcliffe- Brown, *The Andaman Islanders*. Quote appears on p. 248.

P093 更容易和别人同步 : Joanne Lumsden et al., "Who Syncs? Social Motives and Interpe-rsonal Coordination." *Journal of Experimental Social Psychology* 48, no. 3 (2012): 746– 51.

P093 对动作一致的欣快反应深深刻在我们的基因中 : McNeill, *Keeping Together in Time: Dance and Drill in Human History*. Quote appears on p. 150.

04 允许自己被触动：留出唤醒快乐的神经通路

P097 音乐学者称之为"节奏感" : Petr Janata, Stefan T. Tomic, and Jason M. Haberman, "Sensorimotor Coupling in Music and the Psychology of the Groove." *Journal of Experimental Psychology: General* 141, no. 1 (2012): 54– 75.

P097 新生儿就能识别出简单的节奏 : István Winkler et al., "Newborn Infants Detect the Beat in Music." *Proceedings of the National Academy of Sciences of the USA* 106, no. 7 (2009): 2468– 71.

P097 跟着节奏摆动脚丫：Marcel Zentner and Tuomas Eerola, "Rhythmic Engagement with Music in Infancy." *Proceedings of the National Academy of Sciences of the USA* 107, no. 13 (2010): 5768– 73; Beatriz Ilari, "Rhythmic Engagement with Music in Early Childhood: A Replication and Extension." *Journal of Research in Music Education* 62 (2015): 332– 43.

P098 音乐会激活大脑中所谓的运动回路：Chelsea L. Gordon, Patrice R. Cobb, and Ramesh Balasubramaniam, "Recruitment of the Motor System During Music Listening: An ALE Meta- Analysis of fMRI Data." *PLOS ONE* 13, no. 11 (2018): e0207213.

P098 音乐节奏感越强：Katja Kornysheva et al., "Tuning-in to the Beat: Aesthetic Apprec-iation of Musical Rhythms Correlates with a Premotor Activity Boost." *Human Brain Mapping* 31, no. 1 (2010): 48– 64.

P098 音乐响起时，我们是用肌肉在聆听：Oliver Sacks, *A Leg to Stand On* (New York: Simon & Schuster/ Touchstone, 1998). Quote appears on p. 13. Sacks claims to be quoting Nietzsche, although I could not find any original source confirming this quote.

P099 疲惫不堪、腿脚酸麻、烦躁不已的士兵们：Robert Goldthwaite Carter, *Four Brothers in Blue, or Sunshine and Shadow of the War of the Rebellion: A Story of the Great Civil War from Bull Run to Appomattox* (Washington, DC: Press of Gibson Bros., Inc., 1913). Quote appears on p. 297. Accessed at https:// archive. org/ details/ cu31924032780623.

P099 76 岁的塔克·安德森：Juliet Macur, "A Marathon Without Music? Runners with Headphones Balk at Policy." *New York Times,* November 1, 2007.

P099 大脑听到喜欢的音乐：Anne J. Blood and Robert J. Zatorre, "Intensely Pleasurable Responses to Music Correlate with Activity in Brain Regions Implicated in Reward and Emotion." *Proceedings of the National Academy of Sciences of the USA* 98, no. 20 (2001): 11818– 23; Valorie N. Salimpoor et al., "Anatomically Distinct Dopamine Release During Anticipation and Experience of Peak Emotion to Music." *Nature Neuroscience* 14, no. 2 (2011): 257– 62.

P099 音乐学家形容音乐有"增能作用"：Marc Leman, *The Expressive Moment:*

How Interaction (with Music) Shapes Human Empowerment (Cambridge, MA: MIT Press, 2016).

P100 患有糖尿病和高血压的中年人：Karan Sarode et al., "Does Music Impact Exercise Capacity During Cardiac Stress Test? A Single Blinded Pilot Randomized Controlled Study." *Journal of the American College of Cardiology* 71, no. 11 (2018): A400.

P100 赛艇选手、短跑运动员和游泳选手：Mária Rendi, Attila Szabo, and Tamás Szabó, "Performance Enhancement with Music in Rowing Sprint." *The Sport Psychologist* 22, no. 2 (2008): 175– 82. Stuart D. Simpson and Costas I. Karageorghis, "The Effects of Synchronous Music on 400- Metre Sprint Performance." *Journal of Sports Sciences* 24, no. 10 (2006): 1095– 102; Costas Karageorghis et al., "Psychological, Psychophysical, and Ergogenic Effects of Music in Swimming." *Psychology of Sport and Exercise* 14, no. 4 (2013): 560– 68.

P101 音乐能让跑步者忍受更长时间的极端高温：Luke Nikol et al., "The Heat Is On: Effects of Synchronous Music on Psychophysiological Parameters and Running Performance in Hot and Humid Conditions." *Frontiers in Psychology* 9 (2018): 1114.

P101 铁人三项运动员也能更大程度地拓展自己的极限：Peter C. Terry et al., "Effects of Synchronous Music on Treadmill Running Among Elite Triathletes." *Journal of Science and Medicine in Sport* 15, no. 1 (2012): 52– 57.

P101 音乐其实是一种合法的提高运动成绩的药物：Edith Van Dyck and Marc Leman, "Ergogenic Effect of Music During Running Performance." *Annals of Sports Medicine and Research* 3, no. 6 (2016): 1082.

P104 《老虎之眼》：Marcelo Bigliassi et al., "Cerebral Mechanisms Underlying the Effects of Music During a Fatiguing Isometric Ankle-Dorsiflexion Task." *Psychophysiology* 53, no. 10 (2016): 1472– 83.

P105 影响你对自己感受的理解：Jonathan M. Bird et al., "Effects of Music and Music- Video on Core Affect During Exercise at the Lactate Threshold." *Psychology of Music* 44, no. 6 (2016): 1471– 87.

P105 研究者请一些女性在跑步机上大声说出自己的想法：Elaine A. Rose and Gaynor Parfitt, “Pleasant for Some and Unpleasant for Others: A Protocol Analysis of the Cognitive Factors That Influence Affective Responses to Exercise.” *International Journal of Behavioral Nutrition and Physical Activity* 7 (2010): 1– 15.

P111 达特茅斯学院的心理学家和音乐学家：Beau Sievers et al., “Music and Movement Share a Dynamic Structure That Supports Universal Expressions of Emotion.” *Proceedings of the National Academy of Sciences of the USA* 110, no. 1 (2013): 70– 75.

P112 不同的动作确实会产生不同的感受：Tal Shafir et al., “Emotion Regulation Through Execution, Observation, and Imagery of Emotional Movements.” *Brain and Cognition* 82, no. 2 (2013): 219– 27; Tal Shafir, Rachelle P. Tsachor, and Kathleen B. Welch, “Emotion Regulation Through Movement: Unique Sets of Movement Characteristics Are Associated With and Enhance Basic Emotions.” *Frontiers in Psychology* 6 (2016): 02030.

P112 个人会通过高喊和跳跃表达快乐：Radcliffe- Brown, *The Andaman Islanders*. Quote appears on p. 247.

P113 肯尼亚马赛人的舞蹈：Watch the dance at https:// www.youtube.com/ watch?v= ZA4bAuAoEsU.

P113 认识了米里亚姆：“Miriam” is a pseudonym used at the request of the individual. No other details or quotes have been altered in this story.

P116 面具脸总会给人一种冷漠、困惑的错觉：Rachel Schwartz and Marc D. Pell, “When Emotion and Expression Diverge: The Social Costs of Parkinson’s Disease.” *Journal of Clinical and Experimental Neuropsychology* 39, no. 3 (2017): 211– 30.

P117 音乐能激发人们自发的情感表达：Lars- Olov Lundqvist et al., “Emotional Responses to Music: Experience, Expression, and Physiology.” *Psychology of Music* 37, no. 1 (2009): 61– 90.

P117 帕金森病舞蹈课有助于减弱面具脸症状，增进情绪表达：Lisa Heiberger et al., “Impact of a Weekly Dance Class on the Functional Mobility and on the

Quality of Life of Individuals with Parkinson's Disease." *Frontiers in Aging Neuroscience* 3 (2011): 14.

P121 神经学家奥立弗·萨克斯讲述了一个女人的故事："Forever Young: Music and Aging." Hearing before the Special Committee on Aging, United States Senate. Washington, D.C., August 1, 1991. Hearing 102- 545. Testimony transcript available at: https:// www.aging.senate.gov/ imo/ media/ doc/ publications/ 811991.pdf

P121 它激起了一种原始本能：Virginia Woolf, "A Dance at Queen's Gate." In *A Passionate Apprentice: The Early Journals, 1897– 1909*, Mitchell A. Leaska, ed. (San Diego: Harcourt Brace Jovanovich, 1990).

P121 只是听音乐：Jennifer J. Nicol, "Body, Time, Space and Relationship in the Music Listening Experiences of Women with Chronic Illness." *Psychology of Music* 38, no. 3 (2010): 351– 67.

05 克服障碍：如何突破能力界限

P128 我想看看自己能有多强壮：Araliya Ming Senerat's quote comes from an Instagram post. Her story is included with permission. For more stories about the psychological benefits of powerlifting among women, see: https:// www. buzzfeed.com/ sallytamarkin/ badass- people- who- lift- weights-to-heal- fight-oppression.

P129 记者丽兹·韦迪科比将其比作男孩们的成人礼：Lizzie Widdicombe, "In Cold Mud." *The New Yorker*, January 27, 2014.

P129 小时候经常被防牲畜护栏电击：Anecdote appears in Will Dean, *It Takes a Tribe: Building the Tough Mudder Movement* (New York: Penguin, 2017), 114– 15.

P132 有时，受惊吓的老鼠不会感到无助：Steven F. Maier, "Behavioral Control Blunts Reactions to Contemporaneous and Future Adverse Events: Medial Prefrontal Cortex Plasticity and a Corticostriatal Network." *Neurobiology of Stress* 1 (2015): 12– 22.

P132 这只老鼠没有变得抑郁或遭受精神创伤 : J. Amat et al., “Behavioral Control over Shock Blocks Behavioral and Neurochemical Effects of Later Social Defeat.” *Neuroscience* 165, no. 4 (2010): 1031– 38.

P135 研究这项仪式的人分析了此时表演者表达出来的情感 : Joseph A. Bulbulia et al., “Images from a Jointly- Arousing Collective Ritual Reveal Affective Polarization.” *Frontiers in Psychology* 4 (2013): 960.

P135 并非只有人类才会互相帮助 : Erik T. Frank and K. Eduard Linsenmair, “Saving the Injured: Evolution and Mechanisms.” *Communicative & Integrative Biology* 10, nos. 5– 6 (2017): e1356516; John C. Lilly, “Distress Call of the Bottlenose Dolphin: Stimuli and Evoked Behavioral Responses.” *Science* 139, no. 3550 (1963): 116– 18; Martijn Hammers and Lyanne Brouwer, “Rescue Behaviour in a Social Bird: Removal of Sticky ‘Bird- Catcher Tree’ Seeds by Group Members.” *Behaviour* 154, no. 4 (2017): 403– 11.

P136 哲学家托马斯 · 布朗认为 : Thomas Brown, *Lectures on the Philosophy of the Human Mind,* 2nd ed., 4 vols (first published 1820; Edinburgh, 1824). Vol. 1, 460– 61. As described in Roger Smith, “ ‘The Sixth Sense’ : Towards a History of Muscular Sensation.” *Gesnerus* 68, no. 2 (2011): 218– 71.

P136 大脑中产生自我意识（这就是“我”）的区域 : Olaf Blanke, Mel Slater, and Andrea Serino, “Behavioral, Neural, and Computational Principles of Bodily Self- Consciousness.” *Neuron* 88, no. 1 (2015): 145– 66.

P137 我的四肢完全失去了知觉 : M. Kelter (a pseudonym used by author), “Descartes’ Lantern (the Curious Case of Autism and Proprioception).” August 26, 2014; https:// theinvisiblestrings.com/ descartes- lantern- curious-case- autism- proprioception/. Quoted with author permission.

P139 她们一直都觉得自己很渺小 : Laura Khoudari, “The Incredible, Life-Affirming Nature of the Deadlift.” *Medium*, March 1, 2018; https:// medium.com/@laura.khoudari/ the- incredible- life- affirming- nature-of-the- deadlift-4e1e5b637dad.

P145 没有目标的希望无法长存 : Samuel Taylor Coleridge, quote from the 1825 sonnet “Work Without Hope.”

P145 C.R. 施耐德对希望做了严谨的科学分析 : C. Richard Snyder, "Hope Theory: Rainbows in the Mind." *Psychological Inquiry* 13, no. 4 (2002): 249– 75.

P146 山就显得不那么陡了 : Simone Schnall et al., "Social Support and the Perception of Geographical Slant." *Journal of Experimental Social Psychology* 44, no. 5 (2008): 1246– 55.

P146 2007 年，一篇医学文章……的病例 : Ilana Schlesinger, Ilana Erikh, and David Yarnitsky, "Paradoxical Kinesia at War." *Movement Disorders* 22, no. 16 (2007): 2394– 97, as cited in H. G. Laurie Rauch, Georg Schönbächler, and Timothy D. Noakes, "Neural Correlates of Motor Vigour and Motor Urgency During Exercise." *Sports Medicine* 43, no. 4 (2013): 227– 41.

P147 看到他们为你的成就喝彩，这份成就的意义更加深远 : Harry T. Reis et al., "Are You Happy for Me? How Sharing Positive Events with Others Provides Personal and Interpersonal Benefits." *Journal of Personality and Social Psychology* 99, no. 2 (2010): 311– 29.

P148 内科医生杰罗姆· 格鲁曼 : Jerome Groopman, *The Anatomy of Hope: How People Prevail in the Face of Illness* (New York: Random House Trade Paperbacks, 2005). Quote appears on p. xiv.

P148 在一项实验中……来激发他们的希望 : Carla J. Berg, C. R. Snyder, and Nancy Hamilton, "The Effectiveness of a Hope Intervention in Coping with Cold Pressor Pain." *Journal of Health Psychology* 13, no. 6 (2008): 804– 9.

P148 人们如果认为身体上的痛苦能帮自己达成目标 : Fabrizio Benedetti et al., "Pain as a Reward: Changing the Meaning of Pain from Negative to Positive Co-activates Opioid and Cannabinoid Systems." *PAIN* 154, no. 3 (2013): 361– 67.

P149 看到科比在滑翔到篮下扣篮时 : Jonah Lehrer, "The Neuroscience of Fandom." *Frontal Cortex*, June 13, 2008; http:// scienceblogs.com/ cortex/ 2008/ 06/ 13/ it-happens-to-me-every/.

P150 我们看到一个人体在运动时 : "John Joseph Martin, *America Dancing: The Background and Personalities of the Modern Dance* (1936; reprint, Brooklyn, NY: Dance Horizons, 1968). Quote appears on p. 117.

06 重构思维：如何重新审视生活

P157 心理学家将在自然环境中进行的运动称为绿色运动 : For an excellent introduction to green exercise, see: Jo Barton, Rachel Bragg, Carly Wood, and Jules Pretty, eds., *Green Exercise: Linking Nature, Health and Well- Being* (New York: Routledge, 2016).

P157 在户外散步能让我们对时间的感受放缓 : Mariya Davydenko and Johanna Peetz, "Time Grows on Trees: The Effect of Nature Settings on Time Perception." *Journal of Environmental Psychology* 54 (2017): 20– 26.

P157 只要待在植物种类丰富的环境中 : Richard A. Fuller et al., "Psychological Benefits of Greenspace Increase with Biodiversity." *Biology Letters* 3, no. 4 (2007): 390– 94.

P157 即使只是回忆起在自然美景中度过的时光 : Michelle N. Shiota, Dacher Keltner, and Amanda Mossman, "The Nature of Awe: Elicitors, Appraisals, and Effects on Self- Concept." *Cognition and Emotion* 21, no. 5 (2007): 944– 63.

P157 我没有了棱角 : Paul Heintzman, "Men's Wilderness Experience and Spirituality: A Qualitative Study." *Proceedings of the 2006 Northeastern Recreation Research Symposium*, General Technical Report NRS-P-14, 216– 25; https:// www.nrs.fs.fed.us/ pubs/ gtr/ gtr_ nrs-p-14/30-heintzman-p-14.pdf.

P157 彻底的归属感 : Robert D. Schweitzer, Harriet L. Glab, and Eric Brymer, "The Human– Nature Experience: A Phenomenological-Psychoanalytic Perspective." *Frontiers in Psychology* 9 (2018): 969; https:// doi.org/ 10.3389/ fpsyg.2018.00969.

P158 韩国首尔的洪陵树木园中 : Won Kim et al., "The Effect of Cognitive Behavior Therapy- Based Psychotherapy Applied in a Forest Environment on Physiological Changes and Remission of Major Depressive Disorder." *Psychiatry Investigation* 6, no. 4 (2009): 245– 54.

P158 奥地利进行的一项研究表明 : J. Sturm, "Physical Exercise Through Mountain Hiking in High-Risk Suicide Patients. A Randomized Crossover Trial." *Acta Psychiatrica Scandinavica* 126, no. 6 (2012): 467– 75.

P159 我感觉到自由了，受公寓和大脑的桎梏变少了 : Maura Kelly, "Finally Seeing the Forest for the Trees." Longreads, November 2017; https:// longreads. com/ 2017/ 11/ 15/ finally- seeing- the- forest- for- the- trees/. Some quotes and details come from a series of email interviews I conducted with Kelly.

P159 这个网络 20 年前已被科研人员发现 : Marcus E. Raichle et al., "A Default Mode of Brain Function." *Proceedings of the National Academy of Sciences of the USA* 98, no. 2 (2001): 676– 82.

P160 大脑的基准活动也是我们记忆自己的方式 : Christopher G. Davey and Ben J. Harrison, "The Brain's Center of Gravity: How the Default Mode Network Helps Us to Understand the Self." *World Psychiatry* 17, no. 3 (2018): 278– 79.

P160 不过，这一默认状态也有缺点 : Igor Marchetti et al., "Spontaneous Thought and Vulnerability to Mood Disorders: The Dark Side of the Wandering Mind." *Clinical Psychological Science* 4, no. 5 (2016): 835– 57.

P161 患有抑郁或焦虑的人群 : Aneta Brzezicka, "Integrative Deficits in Depression and in Negative Mood States as a Result of Fronto- Parietal Network Dysfunctions." *Acta Neurobiol Exp* 73, no. 3 (2013): 313– 25; Igor Marchetti et al., "The Default Mode Network and Recurrent Depression: A Neurobiological Model of Cognitive Risk Factors." *Neuropsychology Review* 22, no. 3 (2012): 229– 51; Annette Beatrix Brühl et al., "Neuroimaging in Social Anxiety Disorder— A Meta- Analytic Review Resulting in a New Neurofunctional Model." *Neuroscience & Biobehavioral Reviews* 47 (2014): 260– 80; Claudio Gentili et al., "Beyond Amygdala: Default Mode Network Activity Differs Between Patients with Social Phobia and Healthy Controls." *Brain Research Bulletin* 79, no. 6 (2009): 409– 13.

P161 大脑的奖赏机制……有着密切的关系 : Li Wang et al., "Altered Default Mode and Sensorimotor Network Connectivity with Striatal Subregions in Primary Insomnia: A Resting- State Multi- Band fMRI Study." *Frontiers in Neuroscience* 12 (2018): 917; doi: 10.3389/ fnins.2018.00917.

P161 在脑成像研究中，聚焦于呼吸、正念，以及重复吟唱经文 : Kathleen A. Garrison et al., "Meditation Leads to Reduced Default Mode Network Activity Beyond an Active Task." *Cognitive, Affective, & Behavioral Neuroscience*

15, no. 3 (2015): 712– 20; Judson A. Brewer et al., "Meditation Experience Is Associated with Differences in Default Mode Network Activity and Connectivity." *Proceedings of the National Academy of Sciences of the USA* 108, no. 50 (2011): 20254– 59; Rozalyn Simon et al., "Mantra Meditation Suppression of Default Mode Beyond an Active Task: A Pilot Study." *Journal of Cognitive Enhancement* 1, no. 2 (2017): 219– 27.

P161 以色列魏茨曼科学研究所的神经科学家们：Yochai Ataria, Yair Dor-Ziderman, and Aviva Berkovich- Ohana, "How Does It Feel to Lack a Sense of Boundaries? A Case Study of a Long- Term Mindfulness Meditator." *Consciousness and Cognition* 37 (2015): 133– 47; Yair Dor- Ziderman et al., "Mindfulness- Induced Selflessness: A MEG Neurophenomenological Study." *Frontiers in Human Neuroscience* 7 (2013): 582.

P161 科学家们数次尝试通过大脑成像捕捉这一作用的产生：Gregory N. Bratman et al., "Nature Experience Reduces Rumination and Subgenual Prefrontal Cortex Activation." *Proceedings of the National Academy of Sciences of the USA* 112, no. 28 (2015): 8567– 72.

P162 抑郁症患者大脑的这部分区域比未患抑郁的人群更活跃：J. Paul Hamilton et al., "Depressive Rumination, the Default- Mode Network, and the Dark Matter of Clinical Neuroscience." *Biological Psychiatry* 78, no. 4 (2015): 224– 30.

P162 用电磁刺激前额叶皮质：Conor Liston et al., "Default Mode Network Mechanisms of Transcranial Magnetic Stimulation in Depression." *Biological Psychiatry* 76, no. 7 (2014): 517– 26.

P162 静脉注射氯胺酮：Milan Scheidegger et al., "Ketamine Decreases Resting State Funct-ional Network Connectivity in Healthy Subjects: Implications for Antidepressant Drug Action." *PLOS ONE* 7, no. 9 (2012): e44799.

P163 这也许可以解释……效果十分显著：Femke Beute and Yvonne A. W. de Kort, "The Natural Context of Wellbeing: Ecological Momentary Assessment of the Influence of Nature and Daylight on Affect and Stress for Individuals with Depression Levels Varying from None to Clinical." *Health & Place* 49 (2018): 7– 18.

P163 跳入野外的水中能把现实带回你的脑海 : Andrew Fusek Peters, *Dip: Wild Swims from the Borderlands* (London: Rider, 2014). Quotes appear on pp. 143 and 212.

P163 默认状态一刻也不停歇 : Elena Makovac et al., "The Verbal Nature of Worry in Generalized Anxiety: Insights from the Brain." *NeuroImage: Clinical* 17 (2017): 882– 92.

P164 正念练习能帮人们 : Norman A. S. Farb et al., "Attending to the Present: Mindfulness Meditation Reveals Distinct Neural Modes of Self- Reference." *Social Cognitive and Affective Neuroscience* 2, no. 4 (2007): 313– 22.

P164 对于经验丰富的冥想者来说 : Veronique A. Taylor et al. "Impact of Meditation Training on the Default Mode Network During a Restful State." *Social Cognitive and Affective Neuroscience* 8, no. 1 (2013): 4– 14; Richard Harrison et al., "Trait Mindfulness Is Associated with Lower Pain Reactivity and Connectivity of the Default Mode Network." *Journal of Pain* (2018); https:// doi.org/ 10.1016/ j.jpain.2018.10.011.

P164 有两种压力推动了人类大脑的发展 : Alexandra G. Rosati, "Foraging Cognition: Reviving the Ecological Intelligence Hypothesis." *Trends in Cognitive Sciences* 21, no. 9 (2017): 691– 702.

P166 像绿色运动一样……人的意识 : Fernanda Palhano- Fontes et al., "The Psychedelic State Induced by Ayahuasca Modulates the Activity and Connectivity of the Default Mode Network." *PLOS ONE* 10, no. 2 (2015): e0118143; Robin L. Carhart- Harris et al., "Neural Correlates of the Psychedelic State as Determined by fMRI Studies with Psilocybin." *Proceedings of the National Academy of Sciences of the USA* 109, no. 6 (2012): 2138– 43.

P166 服用 LSD 后 : Enzo Tagliazucchi et al., "Increased Global Functional Connectivity Correlates with LSD- Induced Ego Dissolution." *Current Biology* 26, no. 8 (2016): 1043– 50.

P166 在大自然中经历过深刻的心灵体验 : Terry Louise Terhaar, "Evolutionary Advantages of Intense Spiritual Experience in Nature." *Journal for the Study of Religion, Nature & Culture* 3, no. 3 (2009): 303– 39.

P167 我不仅仅是感觉很好 : Rich Roll, *Finding Ultra: Rejecting Middle Age, Becoming One of the World's Fittest Men, and Discovering Myself* (New York: Crown/ Three Rivers Press, 2012). Quote appears on p. 13.

P167 我感到与周围的环境完全融为一体 : Woman's hiking anecdote and quote appears in Laura M. Fredrickson and Dorothy H. Anderson, "A Qualitative Exploration of the Wilderness Experience as a Source of Spiritual Inspiration." *Journal of Environmental Psychology* 19, no. 1 (1999): 21– 39.

P168 对人们在游览公园后写下的游记的分析表明 : Kathryn E. Schertz et al., "A Thought in the Park: The Influence of Naturalness and Low- Level Visual Features on Expressed Thoughts." *Cognition* 174 (2018): 82– 93.

P168 接触大自然让我们能更深入地融入生命中 : Holli- Anne Passmore and Andrew J. Howell, "Eco- Existential Positive Psychology: Experiences in Nature, Existential Anxieties, and Well- Being." *The Humanistic Psychologist* 42, no. 4 (2014): 370– 88.

P168 在自然保护区散步 15 分钟 : F. Stephan Mayer et al., "Why Is Nature Beneficial? The Role of Connectedness to Nature." *Environment and Behavior* 41, no. 5 (2009): 607– 43.

P170 2013 年，澳大利亚墨尔本政府 : You can explore the map of Melbourne's trees and email a tree here: http:// melbourneurbanforestvisual.com.au/#mapexplore.

P170 人类对接触自然的渴望叫作亲生命性 : Stephen R. Kellert and Edward O. Wilson, eds., *The Biophilia Hypothesis* (Washington, DC: Island Press, 1993).

P170 跟自然联系越紧密的人 : Colin A. Capaldi, Raelyne L. Dopko, and John M. Zelenski, "The Relationship Between Nature Connectedness and Happiness: A Meta- Analysis." *Frontiers in Psychology* 5 (2014): doi: 10.3389/ fpsyg.2014.00976; Anne Cleary et al., "Exploring Potential Mechanisms Involved in the Relationship Between Eudaimonic Wellbeing and Nature Connection." *Landscape and Urban Planning* 158 (2017): 119– 28.

P170 经常接触自然的人 : M. P. White et al., "Natural Environments and Subjective Wellbeing: Different Types of Exposure Are Associated with Different Aspects of Wellbeing." *Health & Place* 45 (2017): 77– 84.

P170　一项研究用手机上的 GPS 追踪：George MacKerron and Susana Mourato, "Happiness Is Greater in Natural Environments." *Global Environmental Change* 23, no. 5 (2013): 992– 1000.

P170　多数美国人每天 93% 的时间都在室内：Neil E. Klepeis et al., "The National Human Activity Pattern Survey (NHAPS): A Resource for Assessing Exposure to Environmental Pollutants." *Journal of Exposure Analysis and Environmental Epidemiology* 11, no. 3 (2001): 231– 52.

P171　很多人会听风声、雨声、鸟鸣甚至虫叫的录音：I learned this fact from Scott Kelly, *Endurance: My Year in Space, A Lifetime of Discovery* (New York: Knopf, 2017).

P171　美国的一位宇航员兼工程师唐·佩蒂特：Details about Pettit's space station garden are drawn from multiple reports and previously published interviews, including his NASA chronicles and Letters from Space blog (https:// blogs. nasa.gov/ letters/ author/ dpettitblog/; and https:// spaceflight.nasa.gov/ station/ crew/ exp6/ spacechronicles.html) as well as Debbora Battaglia, "Aeroponic Gardens and Their Magic: Plants/ Persons/ Ethics in Suspension." *History and Anthropology* 28, no. 3 (2017): 263– 92.

P172　我们与大自然产生共鸣时：Rollo May, *Man's Search for Himself* (New York: Norton, 2009). Quote appears on p. 49.

P172　发现土壤这一功效的生物学家将其称为"老朋友假设"：Christopher A. Lowry et al., "The Microbiota, Immunoregulation, and Mental Health: Implications for Public Health." *Current Environmental Health Reports* 3, no. 3 (2016): 270– 86.

P173　现代社会缺乏接触土壤的机会：Graham A. W. Rook, Charles L. Raison, and Christopher A. Lowry, "Childhood Microbial Experience, Immunoregulation, Inflammation, and Adult Susceptibility to Psychosocial Stressors and Depression." In Bernhard T. Baune, ed., *Inflammation and Immunity in Depression: Basic Science and Clinical Applications* (Cambridge, MA: Academic Press, 2018), 17– 44; Charles L. Raison, Christopher A. Lowry, and Graham A. W. Rook, "Inflammation, Sanitation, and Consternation: Loss of Contact with Coevolved, Tolerogenic Microorganisms and the Pathophysiology and Treatment of Major Depression." *Archives of General Psychiatry* 67, no. 12 (2010): 1211– 24.

P174 你可以做你自己 : Quote from public tweet shared by the Conservation Volunteers Hollybush on October 15, 2018.

P174 患有乳腺癌的女性…… "肩并肩的支持" : Aileen V. Ireland et al., "Walking Groups for Women with Breast Cancer: Mobilising Therapeutic Assemblages of Walk, Talk and Place." *Social Science & Medicine* (2018): https:// doi.org/ 10.1016/ j.socscimed.2018.03.016.

P175 2017 年，一项针对城市中社区花园的分析 : Søren Christensen, "Seeding Social Capital? Urban Community Gardening and Social Capital." *Civil Engineering and Architecture* 5, no. 3 (2017): 104– 23.

P175 之前这里只是我的家 : J. Mailhot, "Green Social Work and Community Gardens: A Case Study of the North Central Community Gardens." Master's thesis, University of Nordland, Bodo, Norway, 2015.

P176 海滩 91 街社区花园 : Joana Chan, Bryce DuBois, and Keith G. Tidball, "Refuges of Local Resilience: Community Gardens in Post- Sandy New York City." *Urban Forestry & Urban Greening* 14, no. 3 (2015): 625– 35. Quote appears on p. 631.

P176 人们一定要属于一个族群 : E. O. Wilson, *Consilience: The Unity of Knowledge* (New York: Knopf, 1998). Quote appears on p. 6.

P176 常来这里的志愿者越来越乐观 : 2016 National Evaluation of Green Gym, supported by the New Economics Foundation (NEF). Full report available at https:// www.tcv.org.uk/ sites/ default/ files/ green- gym- evaluation- report- 2016.pdf.

P177 2017 年，威斯敏斯特大学的研究人员 : This study has not yet been published in a scientific journal, but you can learn more about it at https:// www.tcv.org.uk/ greengym/ trust-me-im-a-doctor/ university- westminster- findings.

P177 在像德里、伦敦和密尔沃基等各种各样的城市 : Debarati Mukherjee et al., "Park Availability and Major Depression in Individuals with Chronic

Conditions: Is There an Association in Urban India?" *Health & Place* 47 (2017): 54– 62; Mathew P. White et al., "Would You Be Happier Living in a Greener Urban Area? A Fixed- Effects Analysis of Panel Data." *Psychological Science* 24, no. 6 (2013): 920– 28; Kirsten M. M. Beyer et al., "Exposure to Neighborhood Green Space and Mental Health: Evidence from the Survey of the Health of Wisconsin." *International Journal of Environmental Research and Public Health* 11, no. 3 (2014): 3453– 72.

P178 宾夕法尼亚园艺协会 : Eugenia C. South et al., "Effect of Greening Vacant Land on Mental Health of Community- Dwelling Adults: A Cluster Randomized Trial." *JAMA Network Open* 1, no. 3 (2018): e180298.

P178 树根的生长时机和朝向在本质上是机会主义 : Thomas O. Perry, "Tree Roots: Facts and Fallacies." *Arnoldia* 49, no. 4 (1989): 3– 24.

07 如何坚持

P184 仅在北美 : Statistics about ultramarathon participation in North America are from http:// realendurance.com/ summary.php.

P185 提醒我们，逆境之中也有希望 : Comrades Marathon, "Beginnings" ; http:// www.comrades.com/ marathoncentre/ club- details/ 8-news/ latest- news/ 326-history-of-comrades.

P185 "运动员"一词源于 : Robin Harvie, *The Lure of Long Distances: Why We Run* (New York: Public Affairs, 2011). Quote appears on p. 140.

P188 时间越来越漫长，无法改变又黏滞不前 : David Heinz, Victor Vogel, et al., "Disturbed Experience of Time in Depression- Evidence from Content Analysis." *Frontiers in Human Neuroscience* 12 (2018): 66.

P188 还有人感觉比赛似乎"永远不会结束" : Dolores A. Christensen, "Over the Mountains and Through the Woods: Psychological Processes of Ultramarathon Runners." PhD dissertation, Springfield College, 2017.

P188 极限赛跑运动员罗宾·哈维还记得 : Harvie, *The Lure of Long Distances*. Quotes appear on pp. 239– 40 and 67.

P189 不一定要摆脱痛苦：Jennifer Pharr Davis, *The Pursuit of Endurance: Harnessing the Record- Breaking Power of Strength and Resilience* (New York: Viking, 2018). Quote appears on p. 293.

P189 研究人员凯伦·威克斯追踪了 10 位运动员：Karen Weekes, "Cognitive Coping Strategies and Motivational Profiles of Ultra- Endurance Athletes." PhD dissertation, Dublin City University, 2004.

P191 在景色最优美的地方设立的一系列残酷、考验灵魂的山坡：Torres shared this story in our conversation; some details and quotes also are drawn from her essay about the Kauai Marathon experience at https:// christinatorres.org/ 2016/ 09/ 21/ the- sweetness-of-surrender- kauai- marathon- 2016/.

P193 生命比双手双脚重要，哪怕是用假肢："Yukon Arctic Ultra Racer May Lose Hands, Feet to Frostbite." CBC News, February 14, 2018; http:// www.cbc.ca/ news/ canada/ north/ yukon- arctic- ultra- zanda- pollhammer-1.4535514.

P194 克里斯蒂 - 安·伯勒斯……运动员：Kirsty- Ann Burroughs, "Faith and Endurance: The Relationship Between Distinct Theologies and the Experience of Running for Christian Women." PhD dissertation, University of Brighton, 2004.

P194 研究人员对运动员们血液中的激素进行分析后发现：Robert H. Coker et al., "Metabolic Responses to the Yukon Arctic Ultra: Longest and Coldest in the World." *Medicine and Science in Sports and Exercise* 49, no. 2 (2017): 357– 62.

P194 鸢尾素对大脑同样有很强的效用：Christiane D. Wrann et al., "Exercise Induces Hippocampal BDNF Through a PGC-1 α / FNDC5 Pathway." *Cell Metabolism* 18, no. 5 (2013): 649– 59; David A. Raichlen and Gene E. Alexander, "Adaptive Capacity: An Evolutionary Neuroscience Model Linking Exercise, Cognition, and Brain Health." *Trends in Neurosciences* 40, no. 7 (2017): 408– 21; Ning Chen et al., "Irisin, an Exercise-Induced Myokine as a Metabolic Regulator: An Updated Narrative Review." *Diabetes/ Metabolism Research and Reviews* 32, no. 1 (2016): 51– 59.

P194 鸢尾素水平较低可能会增加患抑郁的风险：Wen- Jun Tu et al., "Decreased Level of Irisin, a Skeletal Muscle Cell- Derived Myokine, Is Associated with Post- Stroke Depression in the Ischemic Stroke Population." *Journal of*

Neuroinflammation 15, no. 1 (2018): 133; Csaba Papp et al., "Alteration of the Irisin- Brain- Derived Neurotrophic Factor Axis Contributes to Disturbance of Mood in COPD Patients." *International Journal of Chronic Obstructive Pulmonary Disease* 12 (2017): 2023– 33.

P194 而较高的水平则可以提高动力和增强学习能力：Judit Zsuga et al., "FNDC5/ Irisin, a Molecular Target for Boosting Reward- Related Learning and Motivation." *Medical Hypotheses* 90 (2016): 23– 28.

P194 将这种激素直接注射进实验鼠的大脑：Aline Siteneski et al., "Central Irisin Administration Affords Antidepressant- Like Effect and Modulates Neuroplasticity- Related Genes in the Hippocampus and Prefrontal Cortex of Mice." *Progress in Neuro- Psychopharmacology and Biological Psychiatry* 84 (2018): 294– 303.

P195 血液中较高的鸢尾素水平也与高级认知能力有关：Muaz Belviranli et al., "The Relationship Between Brain- Derived Neurotrophic Factor, Irisin and Cognitive Skills of Endurance Athletes." *Physician and Sportsmedicine* 44, no. 3 (2016): 290– 96; Yunho Jin et al., "Molecular and Functional Interaction of the Myokine Irisin with Physical Exercise and Alzheimer's Disease." *Molecules* 23, no. 12 (2018): e3229; Dong- Jie Li et al., "The Novel Exercise- Induced Hormone Irisin Protects Against Neuronal Injury via Activation of the Akt and ERK½Signaling Pathways and Contributes to the Neuroprotection of Physical Exercise in Cerebral Ischemia." *Metabolism* 68 (2017): 31– 42.

P195 鸢尾素通常……广为人知的肌因子：Ning Chen et al., "Irisin, an Exercise- Induced Myokine as a Metabolic Regulator: An Updated Narrative Review." *Diabetes/ Metabolism Research and Reviews* 32, no. 1 (2016): 51– 59.

P195 人类生物学近期取得的最伟大的科学突破之一：For an introduction to the concept of myokines, see: Martin Whitham and Mark A. Febbraio, "The Ever- Expanding Myokinome: Discovery Challenges and Therapeutic Implications." *Nature Reviews Drug Discovery* 15, no. 10 (2016): 719– 29; Svenia Schnyder and Christoph Handschin, "Skeletal Muscle as an Endocrine Organ: PGC- 1α, Myokines and Exercise." *Bone* 80 (2015): 115– 25; Jun Seok Son et al., "Exercise- Induced Myokines: A Brief Review of Controversial Issues of This Decade." *Expert Review of Endocrinology & Metabolism* 13, no. 1 (2018):

51– 58.

P195 其中之一就是鸢尾素 : Jill Fox et al., “Effect of an Acute Exercise Bout on Immediate Post-Exercise Irisin Concentration in Adults: A Meta-Analysis.” *Scandinavian Journal of Medicine and Science in Sports* 28, no. 1 (2018): 16– 28.

P195 在跑步机上锻炼一段时间后 : Stella S. Daskalopoulou et al., “Plasma Irisin Levels Progressively Increase in Response to Increasing Exercise Workloads in Young, Healthy, Active Subjects.” *European Journal of Endocrinology* 171, no. 3 (2014): 343– 52.

P195 2018 年的一篇科学论文指出 : Martin Whitham et al., “Extracellular Vesicles Provide a Means for Tissue Crosstalk During Exercise.” *Cell Metabolism* 27, no. 1 (2018): 237– 51.

P196 一些肌因子……化学物质 : Leandro Z. Agudelo et al., “Skeletal Muscle PGC-1α1 Modulates Kynurenine Metabolism and Mediates Resilience to Stress-Induced Depression.” *Cell* 159, no. 1 (2014): 33– 45; Maja Schlittler et al., “Endurance Exercise Increases Skeletal Muscle Kynurenine Aminotransferases and Plasma Kynurenic Acid in Humans.” *American Journal of Physiology—Cell Physiology* 310, no. 10 (2016): C836– 40.

P196 将其称为“希望分子” : Cristy Phillips and Ahmad Salehi, “A Special Regenerative Rehabilitation and Genomics Letter: Is There a ‘Hope’ Molecule?” *Physical Therapy* 96, no. 4 (2016): 581– 83.

P197 像竞走、徒步、慢跑、骑车和游泳这样的耐力活动 : Brittany A. Edgett et al., “Dissociation of Increases in PGC-1α and Its Regulators from Exercise Intensity and Muscle Activation Following Acute Exercise.” *PLOS ONE* 8, no. 8 (2013): e71623; Lee T. Ferris, James S. Williams, and Chwan-Li Shen, “The Effect of Acute Exercise on Serum Brain- Derived Neurotrophic Factor Levels and Cognitive Function.” *Medicine & Science in Sports & Exercise* 39, no. 4 (2007): 728– 34; Malcolm Eaton et al., “Impact of a Single Bout of High-Intensity Interval Exercise and Short- Term Interval Training on Interleukin-6, FNDC5, and METRNL mRNA Expression in Human Skeletal Muscle.” *Journal of Sport and Health Science* 7, no. 2 (2018): 191– 96; Ayhan Korkmaz et al., "Plasma Irisin Is Increased Following 12 Weeks of Nordic Walking and Associates with Glucose Homoeostasis in Overweight/ Obese Men with Impaired Glucose Regulation." *European Journal of Sport Science* 19, no. 2 (2019): 258–66; Katya Vargas- Ortiz et al., "Aerobic Training But No Resistance Training Increases SIRT3 in Skeletal Muscle of Sedentary Obese Male Adolescents." *European Journal of Sport Science* 18, no. 2 (2018): 226– 34.

P197　对于正在运动的人来说 : Cesare Granata, Nicholas A. Jamnick, and David J. Bishop, "Principles of Exercise Prescription, and How They Influence Exercise-Induced Changes of Transcription Factors and Other Regulators of Mitochondrial Biogenesis." *Sports Medicine* 48, no. 7 (2018): 1541– 59; Casper Skovgaard et al., "Combined Speed Endurance and Endurance Exercise Amplify the Exercise-Induced PGC-1 α and PDK4 mRNA Response in Trained Human Muscle." *Physiological Reports* 4, no. 14 (2016): e12864.

P197　在一项研究中，测试者一直跑步 : Shanhu Qiu et al., "Acute Exercise- Induced Irisin Release in Healthy Adults: Associations with Training Status and Exercise Mode." *European Journal of Sport Science* 18, no. 9 (2018): 1226– 33.

P200　还有其他方式能更好地了解自己吗 : Quote from Jethro De Decker's personal blog post describing his experience in the 2018 Yukon Arctic Ultra, March 9, 2018; https:// nextbigadventure.wordpress.com/ 2018/ 03/ 09/ yukon- arctic-ultra- 2018/.

P201　她在自己的回忆录……几个选择 : Terri Schneider, *Dirty Inspirations: Lessons from the Trenches of Extreme Endurance Sports* (Hobart, NY: Hatherleigh, 2016). Many of the details about Schneider's adventures come from this memoir; others are from direct conversation, as noted in the text.

P205　赛后，一名加拿大选手 : "50 Stunning Olympic Moments No. 3: Derek Redmond and Dad Finish 400m." *The Guardian*, November 30, 2011; https:// www.theguardian.com/ sport/ blog/ 2011/ nov/ 30 / 50-stunning- olympic-moments- derek- redmond.

P206　跟其他人一起，事情看起来会简单点儿 : Quote from participant in Christensen, "Over the Mountains and Through the Woods."

P206 他把自己的水给我，陪我走到下一个救护站：Joy Ebertz, "Running Is a Community Sport." *Medium,* April 27, 2017; https:// medium.com/@jkebertz/ running-is-a-community- sport- ba27dd7a0fb0.

P207 一位极限赛跑运动员在首次参加夜间 62 英里越野赛中：Quote from participant in Christensen, "Over the Mountains and Through the Woods."

P207 如果你兜里装了袜子：Jenna M. Quicke, "The Phenomenon of Community: A Qualitative Study of the Ultrarunning Community." PhD dissertation, Prescott College, 2017.

P207 科研人员詹娜·奎克……代表极限赛跑的照片：Quicke, "The Phenomenon of Community."

P207 共同承担身体上的痛苦：Brock Bastian, Jolanda Jetten, and Laura J. Ferris, "Pain as Social Glue: Shared Pain Increases Cooperation." *Psychological Science* 25, no. 11 (2014): 2079– 85.

P207 包含痛苦的集体仪式……增进了我们跟其他人的感情：Harvey Whitehouse and Jonathan A. Lanman, "The Ties That Bind Us: Ritual, Fusion, and Identification." *Current Anthropology* 55, no. 6 (2014): 674– 95.

P207 走上去之后，所有人都成了兄弟：Dimitris Xygalatas, "The Biosocial Basis of Collective Effervescence: An Experimental Anthropological Study of a Fire-Walking Ritual." *Fieldwork in Religion* 9, no. 1 (2014): 53– 67.

P208 一项针对护理人员的调查显示：Stacey Burling, "What Do Dying People Really Talk About at the End of Life?" *Philadelphia Inquirer*, December 13, 2018; http:// www.philly.com/ health/ what-do-hospice- patients- talk- about-towson- death- regret- family- gratitude- 20181214.html.

P208 日本比叡山上的马拉松僧侣：John Stevens and Tadashi Namba, *The Marathon Monks of Mount Hiei* (Brattleboro, VT: Echo Point Books & Media, 2013).

P209 2010 年，他接受了美国国家公共广播电台的采访："Monk's Enlightenment Begins with a Marathon Walk." *Morning Edition,* National Public Radio. May 11, 2010; https:// www.npr.org/ templates/ story/ story.php? storyId= 125223168.

08 探索新的自我

P216 挪威伦理学家……提出这样一个问题 : Sigmund Loland, “The Exercise Pill: Should We Replace Exercise with Pharmaceutical Means?” *Sport, Ethics and Philosophy* 11, no. 1 (2017): 63– 74.

P217 可能性——运动让人改变的能力 : Doug Anderson, “Recovering Humanity: Movement, Sport, and Nature.” *Journal of the Philosophy of Sport* 28, no. 2 (2001): 140– 50.

P219 我意识到我并不孤单 : Quote from dance class participant’s email, used with permission.

图书在版编目（CIP）数据

自控力. 斯坦福大学掌控自我的心理学课程 /（美）凯利·麦格尼格尔著；江兰，张旭，刘婉婷译. — 北京：北京联合出版公司，2021.6（2024.5重印）

ISBN 978-7-5596-4950-8

Ⅰ. ①自… Ⅱ. ①凯… ②江… ③张… ④刘… Ⅲ. ①自我控制—通俗读物 Ⅳ. ① B842.6-49

中国版本图书馆CIP数据核字（2021）第044758号

北京市版权局著作权合同登记　图字：01-2021-2436号

自控力. 斯坦福大学掌控自我的心理学课程

作　　者：［美］凯利·麦格尼格尔
译　　者：江兰　张旭　刘婉婷
出 品 人：赵红仕
责任编辑：李艳芬

北京联合出版公司出版
（北京市西城区德外大街 83 号楼 9 层　100088）
三河市中晟雅豪印务有限公司印刷　新华书店经销
字数 172 千字　700 毫米 ×980 毫米　1/16　17.5 印张
2021 年 6 月第 1 版　2024 年 5 月第 4 次印刷
ISBN 978-7-5596-4950-8
定价：55.00 元
